SUPERサイエンス

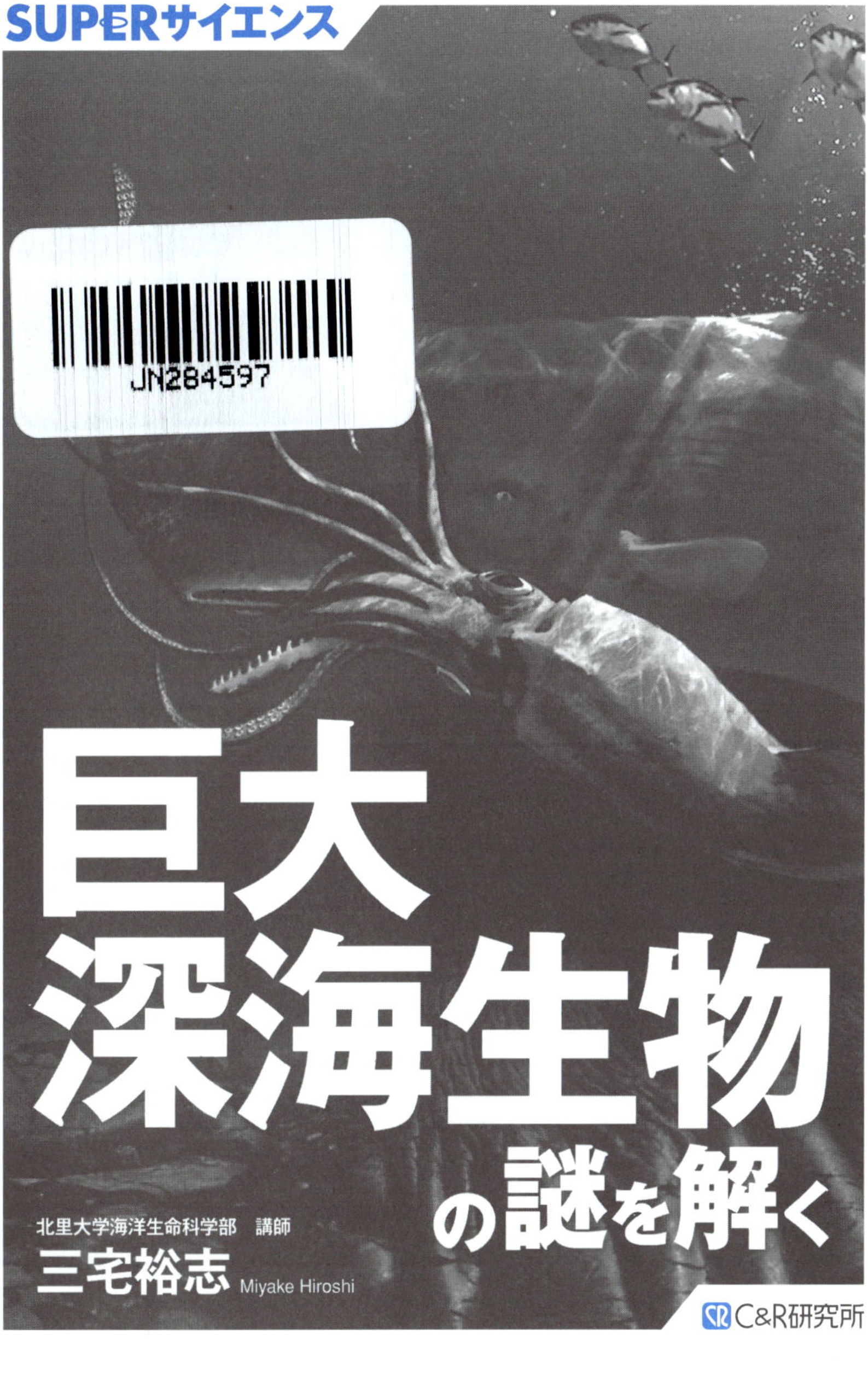

巨大深海生物の謎を解く

北里大学海洋生命科学部　講師
三宅裕志 Miyake Hiroshi

C&R研究所

■本書の内容について

- 本書の内容は、2014年8月の情報をもとに作成しています。

●本書の内容に関するお問い合わせについて

この度はC&R研究所の書籍をお買いあげいただきましてありがとうございます。本書の内容に関するお問い合わせは、「書名」「該当するページ番号」「返信先」を必ず明記の上、C&R研究所のホームページ(http://www.c-r.com/)の右上の「お問い合わせ」をクリックし、専用フォームからお送りいただくか、FAXまたは郵送で次の宛先までお送りください。お電話でのお問い合わせや本書の内容とは直接的に関係のない事柄に関するご質問にはお答えできませんので、あらかじめご了承ください。

〒950-3122　新潟市北区西名目所4083-6
株式会社C&R研究所　編集部
FAX 025-258-2801
「SUPERサイエンス 巨大深海生物の謎を解く」サポート係

はじめに

皆さんは深海生物に対して、どのようなイメージをお持ちでしょうか？　「奇妙奇天烈」「気持ちが悪い」「不思議」「巨大」……。そのようなイメージを持っている人がほとんどだと思います。でも実は、私たちが普段見ている生き物と深海生物の姿形は、それほど変わらないのです。そうはいっても、私たちには極限ともいえる環境に棲んでいるわけですから、やはり面白い形や生態をしているものもいます。逆にいうと、深海生物から見た私たち陸上の生き物は、すごく奇妙であることに違いありません。

大学で深海生物の講義をしていると、質問に答えられないことがたくさんあります。「宇宙よりも遠い」ともいわれる深海に棲む生き物たちの研究は、まだまだ始まったばかりで、わからないことだらけなのです。本書では、さまざまな調査や研究で今までに明らかになっていることを、かいつまんでお話ししていきます。深海生物のすごさや素晴らしさ、そして面白さを本書で感じとっていただければ幸いです。

２０１４年８月

三宅裕志

Contents

Contents

Chapter. 3
ダイオウイカは無限に巨大化し続けるのか?

Contents

Chapter.4 深海生物が食べる「マリンスノー」とは?

Contents

Contents

編集協力・本文デザイン　株式会社エディポック
カバー写真　by etee（https://www.flickr.com/photos/etee/3303521758）

Chapter. 1
深海生物が持つ底なしの魅力

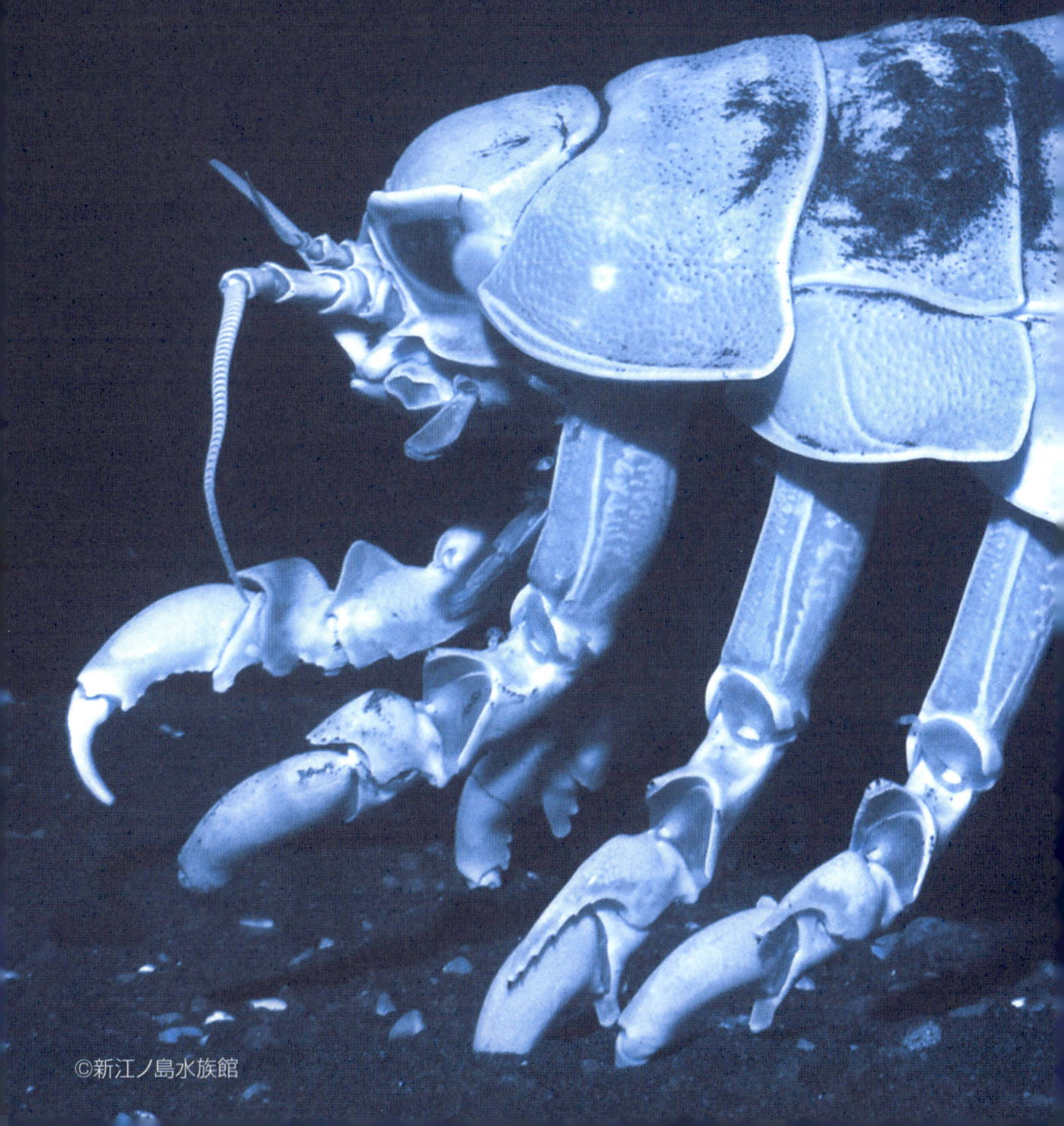

©新江ノ島水族館

Section 01

巨大深海生物の世界

身近になった深海生物

フィギュアが起こした深海生物ブーム

2001年、日本では、清涼飲料水についていた食玩が大人気となりました。それは精巧にできた深海生物のフィギュアでした。私の想像では、一般に深海生物を身近にしたのは、このフィギュアではないかと思います。そのフィギュアの精巧さに驚き、私も全種類を集めるのに躍起になった思い出があります。このフィギュアを、アメリカの深海生物研究で有名な「モントレー湾水族館研究所（MBARI）」に持っていき、そこの研究者たちにお土産として渡したところ、それぞれ自分の研究している生物のフィギュアを、我先にと手にしていました。

生きた深海生物が水族館にやってきた！

その後、深海生物のビデオや図鑑などが少しずつ発売されるようになり、２００４年には新江ノ島水族館（神奈川・藤沢）で本格的な深海生物の常設展示が始まりました。同館では、日本が世界に誇る有人潜水調査船「しんかい６５００」を保有する独立行政法人 海洋研究開発機構（ＪＡＭＳＴＥＣ）と共同で開発している、深海生物の長期飼育技術を、実際に深海生物を飼育することで展示しています。これまで潜水船の中からでしか生きている姿を見られなかった生物を生きたまま、しかも船酔いに悩まされることなく見ることができるようになっ

●深海生物フィギュア

©海洋堂／ダイドードリンコ

たのは、今でこそ当たり前ですが実はとても画期的なことでした。

これまでは、特に熱水が深海底から噴き出す熱水噴出域（Section02参照）に生息するものを中心にさまざまな生物が展示されてきました。例えばシロウリガイ類、シンカイヒバリガイ類、アルビンガイ、スケーリーフット、ハオリムシ類、ゴエモンコシオリエビ、シンカイコシオリエビ類、ネッスイハナカゴ、オハラエビ類などです。これらは世界中を探しても必ず出合えるとは限らない、とても貴重な生物たちです。このような生物を生きたまま見ることができるのは、以前は深海研究者の特権でした。それがこの新

●熱水噴出域に見られる不思議な生物

シマイシロウリガイ

ヘイトウシンカイ
ヒバリガイのコロニー

ショウジンシンカイ
コシオリエビ

アルビンガイ

ゴエモンコシオリエビ

江ノ島水族館の野心的なチャレンジによって、一般の人でも深海生物をすぐ近くで見られるようになったのです。その後も深海生物の書籍や写真集、ビデオなどは増え続け、ついには深海生物に特化した沼津港深海水族館（静岡・沼津）も誕生しました。

ダイオウイカが開いた深海への扉

独立行政法人 国立科学博物館（東京・台東区）の窪《くぼ》寺《でら》恒《つね》己《み》博士の長年の執念が実り、2012年7月、とうとう生きているダイオウイカの姿が世界ではじめて撮影されました。ダイオウイカは、伝説の海の怪物「クラーケン」のモデルといわれ、

●海のダイオウ

©国立科学博物館（窪寺恒己）

©新江ノ島水族館

また、マッコウクジラが天敵とされる、全長18メートルにも及ぶ世界最大級の無《む》脊《せき》椎《つい》動《どう》物《ぶつ》です。

国立科学博物館では２０１３年７月から10月にかけて特別展が開催され、期間中は連日、長蛇の列ができるほどで、これにより一気に深海ブームが盛り上がりました。深海の巨大生物を見て、「なぜ深海にはこんなに巨大な生きものがいるのだろう」と不思議に思う人もたくさんいることでしょう。おそらく本書を手に取った方も、そんな疑問を抱いているのではないでしょうか。

これから、そんな私たちの好奇心をくすぐってやまない深海生物たちの、不思議さや凄さを紹介していきたいと思います。

Section 02

極限環境がつくり出す深海生物

バリエーション豊かな深海生物の姿

地球上最大の生物生息圏、深海

地球の表面積の7割は海が占めています。最も深い北西太平洋のマリアナ海溝では水深約1万1000メートルにもなり、8848メートルの世界最高峰エベレスト山も沈んでしまう深さになります。

このように広く深い海ですが、海が地球にとってどれだけ大きな存在か、よくわかる考え方を紹介しましょう。地球上の海の水深を平均すると、3800メートルとなります。一方、陸地の平均高度はたったの840メートルで、地球全体で高度と水深を平均すると、水深2440メートルとなります。つまり、地球の表面を平らにすると、陸地はすべて海の底に沈み、地球の表面はすべて海になってしまうということです。こう考えるといかに海が大きいかがわかり、地球は水の惑星だとつくづく感じさせられることでしょう。

　また、深海は一般に200メートルより深いところとされ、これより浅い部分は海全体の数パーセントを占めるにすぎません。すなわち、海の95パーセント以上は深海なのです。しかも、1000メートルより深いところが海全体の90パーセントを占めています。このように、深海は、最大の生物生息圏といえます。この広大な深海のうち、すでに探索されているのは1パーセントにも満たないわずかな範囲です。まだまだ未知の生物がたくさんいるのは確かでしょう。

●海の生態区分

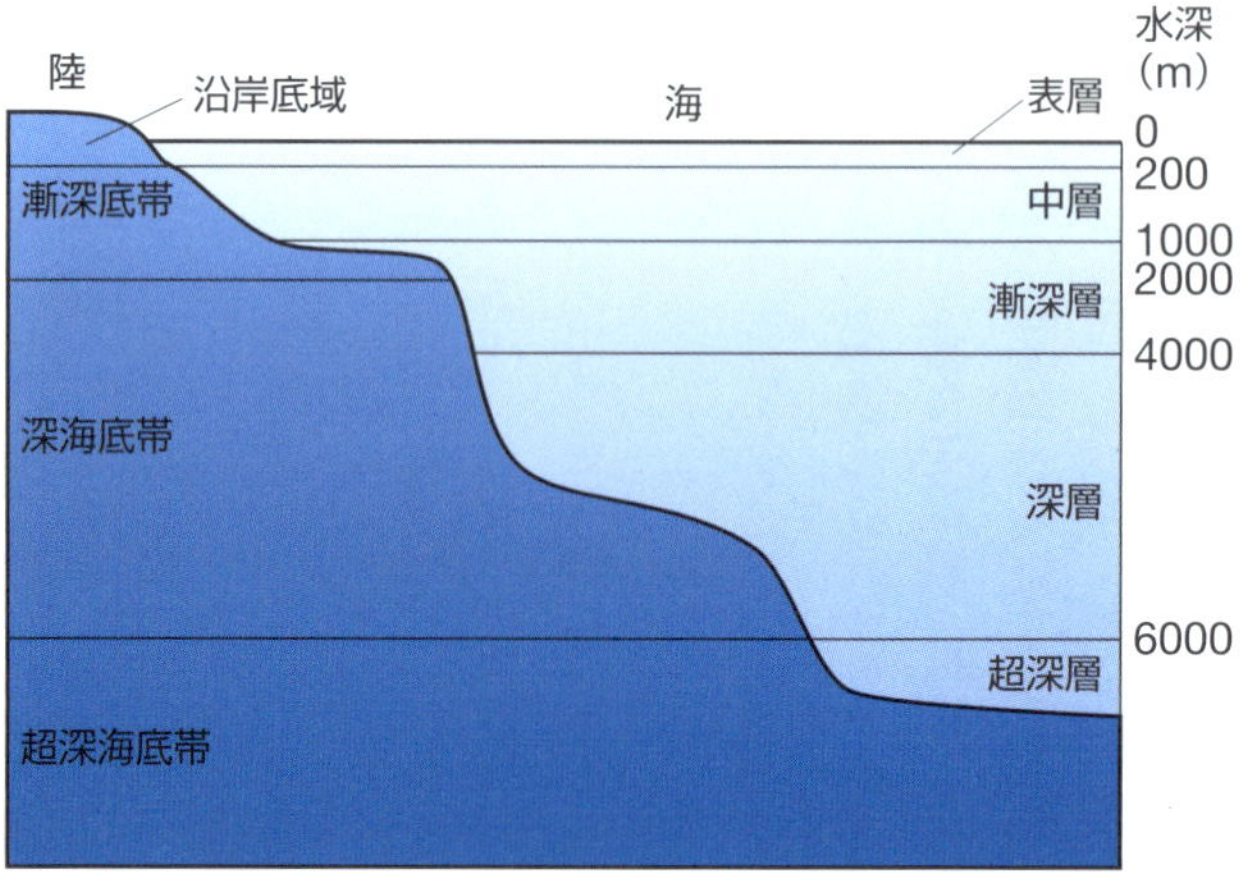

深海の環境

「深海」という言葉に厳密な定義はありませんが、一般に水深200メートルよりも深いところを指します。これは、200メートルより浅いところに大陸棚があることや、植物プランクトンが生息できる限界の水深が200メートルであることなど、「200メートル」が環境における1つの境界線になっていることに由来するのかもしれません。

では、深海とはいったいどんなところなのでしょう？　そのキーワードは4つあります。〝暗い〟〝冷たい（場所によっては高温）〟〝高圧〟〝餌が少ない〟の4つで、これは生物にとっては極限ともいえる環境です。

私たちがすぐ潜れるような浅い海と容易に潜ることのできない深海とでは、水深に伴う物理化学的な環境の違いがあります。水深が10メートル深くなるにつれて1気圧ずつ水圧が高まります。また、光の量が減退して最終的に光はなくなり、光合成をして栄養分と酸素をつくる植物プランクトンもいなくなり、餌が少なくなるうえに、海水に含まれる酸素（溶存酸素）も減少し、水温も急激に下がります。

海の生態区分

海に棲む生物の分け方として、「生態区分」というものがあります。生態区分はさらに水平的区分と鉛直的区分に分かれます。水平的区分は陸域の影響が大きい沿岸域、陸域の影響が少ない外洋域に区分されます。鉛直的区分は、海底の底生生物を見た底生区と、海の沖のほうで海底は関係なく水柱※に棲む遊泳生物や浮遊生物を見た漂泳区があります。底生区では、沿岸底域（200メートルまで）、漸深海底帯（200〜2000メートル）、深海底帯（2000〜6000メートル）、超深海底帯（6000メートル以深）に分けられます。漂泳区では、表層（200メートルまで）、中層（200〜1000メートル）、漸深層（1000〜4000メートル）、深層（4000〜6000メートル）、超深層（6000メートル以深）に分けられます。

本書では、この漂泳区に関しては、おおざっぱに以下の3つに区切ってお話ししていきます。1つは水深200メートルまでの表層、そして深海底から高度100メートルまでの近底層、そして、表層と近底層に挟まれる中層から深層をまとめた中・深層の3つの層になります。

水柱…ある面積で海面から海底まで鉛直に見た場合にできる水の柱のこと。英語ではWater column。

ダイオウイカが潜む中・深層

中・深層は、天井もなければ床もない、まさに宙ぶらりんの場所です。水温が急激に下がる層で、水深200メートルではだいたい12℃くらいになり、水深1000メートルになると4℃近くにもなります。中・深層の大きな特徴は、トワイライトゾーン（水深200～1000メートル）を含んでいることです。トワイライトゾーンとは、黄昏時《たそがれどき》のような、わずかに光のある水深帯を指します。トワイライトゾーンには、こうした光の乏しい環境に適応した、不思議な能力や形態を持った生物が数多く見られます。

●中・深層の生物

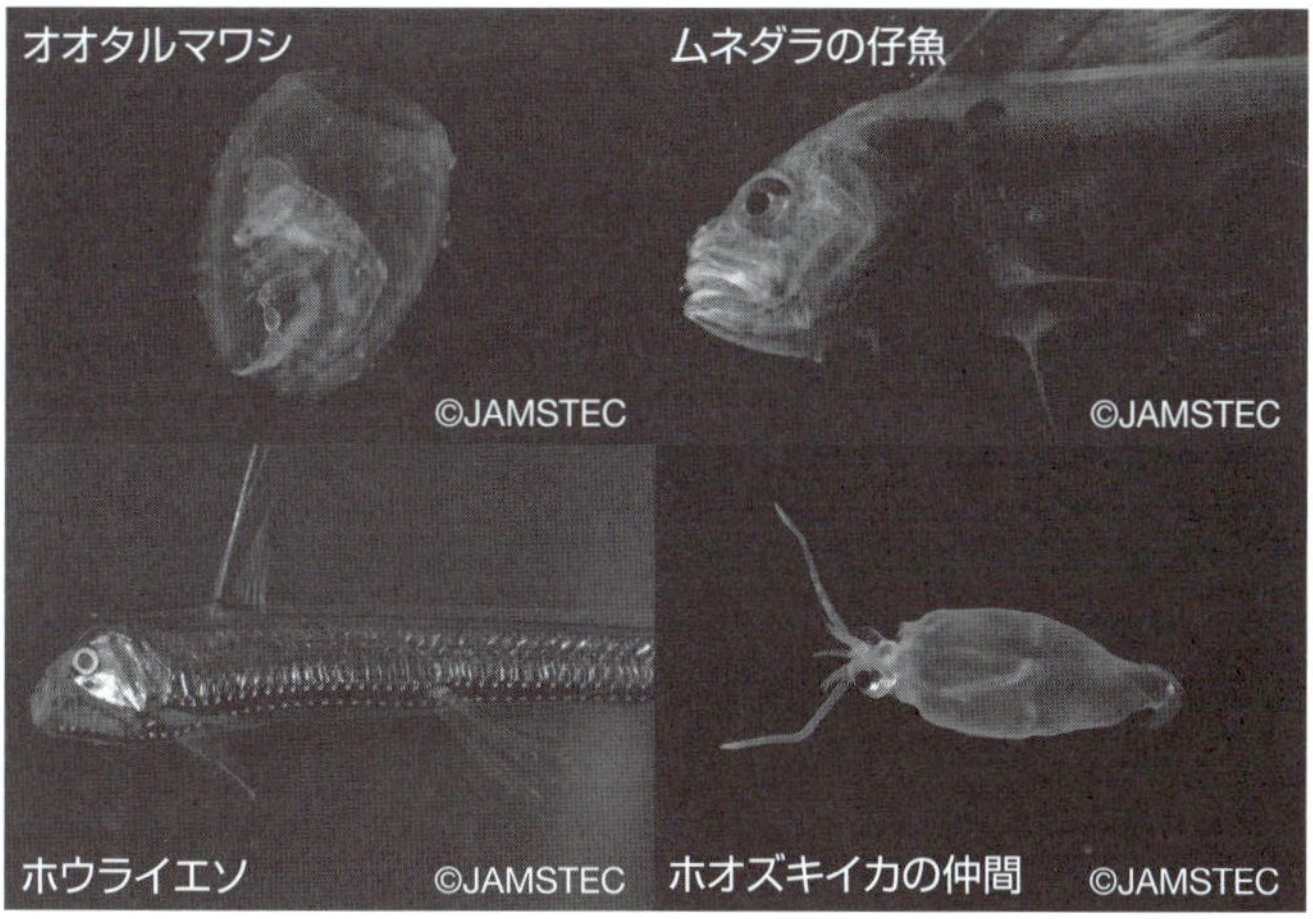

中・深層には、皆さんもよく知っているリュウグウノツカイやサケガシラ、鬼のような形相をしたオニアンコウの仲間、歯が異常に発達したオニキンメやホウライエソ、口や胃が異常に大きなフウセンウナギやフクロウナギ、ほかにもデメニギスなどが生息していて、魚類だけでも不思議がいっぱいで思わず楽しくなってくるほどです。ほかにはガラスのような透明な体を持つサメハダホオズキイカやクラゲダコ、ディズニー映画のダンボの耳のようにヒレを羽ばたかせて泳ぐジュウモンジダコの仲間や、イカとタコの共通祖先ともいわれるコウモリダコ、エイリアンのモデルにもなったオオタルマワシなどもいます。

有機物が混ざり合う近底層

近底層とは、先にもいいましたが、深海底から高度１００メートル程度までの層を指します。この層は深海底と中・深層の生物の生息圏が混ざり合うため、種の多様性が高いことが特徴です。例えば、クラゲでは、ヒドロクラゲの仲間のソコクラゲやクロクラゲが近底層になるとたくさん出現してきますし、遊泳できるナマコのユメナマコも出現します。普段は海底にいるミズムシの仲間や海底付近にいるソコダラの仲間も出現してきます。

また、そこに棲む生物たちは、中・深層からの栄養を深海底に、逆に深海底の栄養を中・深層に運ぶというように、深海底と中・深層とをつないで物質循環を担うという、深海生態系において重要な役割を果たしています。

餌の量が少ない深海底

深海底では、餌の資源となるものが表層から降る有機物しかないため、常に餌が少ない状態になっています。生物の数が少ないのはそのためです。しかし、深海底は年中冷たく、落ちてきた餌はほとんど腐らずに残る可能性が高いので、バク

●近底層に見られる生物

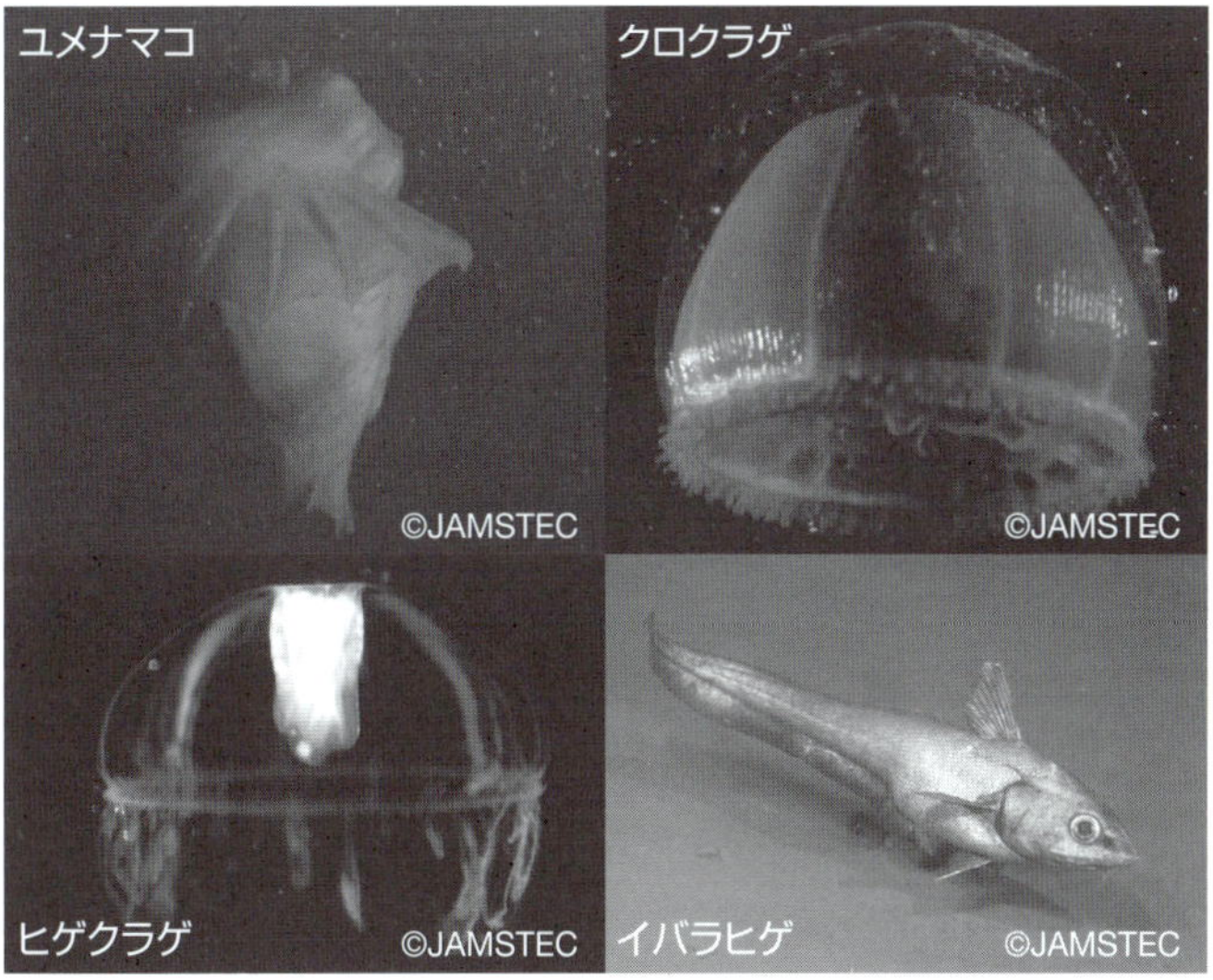

テリアや大型生物に出合うまでは、餌の有機物はそのまま保存されているのです。

また、深海底では、生物の種類が驚くほど多いのも特徴です。岩場などではカイメンの仲間やサンゴやイソギンチャクの仲間、オオグチボヤなどのホヤの仲間などがいます。砂泥底ではウシナマコなどのナマコ類やフクロウニなどのウニの仲間、そしてセンジュエビやタカアシガニなどの甲殻類のように大型の生物ももちろんいますが、海底の堆積物の中にはゴカイの仲間や線虫の仲間、微小な巻き貝や二枚貝など、非常にたくさんの種類の生物がいます。種の多様性は、熱帯の浅い

●深海底の生物

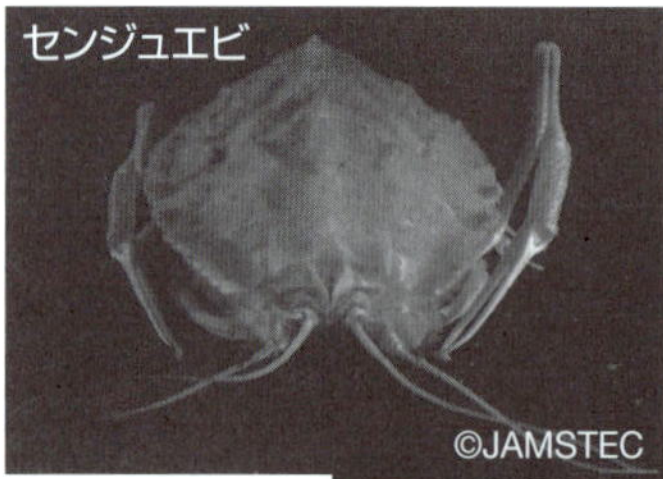

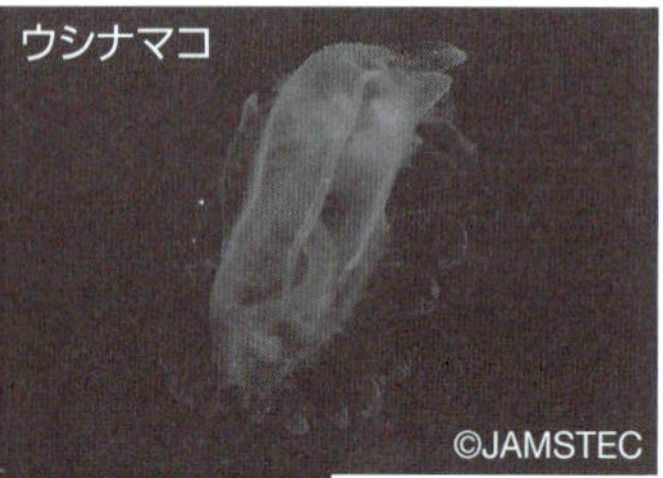

海に匹敵するほどともいわれています。これは、深海がいつも一定の安定した環境であるということと、そこに棲んでいるさまざまな種類の生物たちの関わりあいによって成り立っているためとされています。特に生物間の棲み場所や餌などの資源に関わる競争によって、ほかの生物を絶滅させたり、そこに棲めなくしてしまったりするようなことがあまりなく、天敵の攻撃からいかに生き延びるか、少ない資源をいかに有効に使うか、さらには棲み場所や餌のとり方はどうするかといったさまざまな選択が組み合わさり、多様な種類の生物が少ない量で生息することになっていると考えられている

●**生物の多様性**

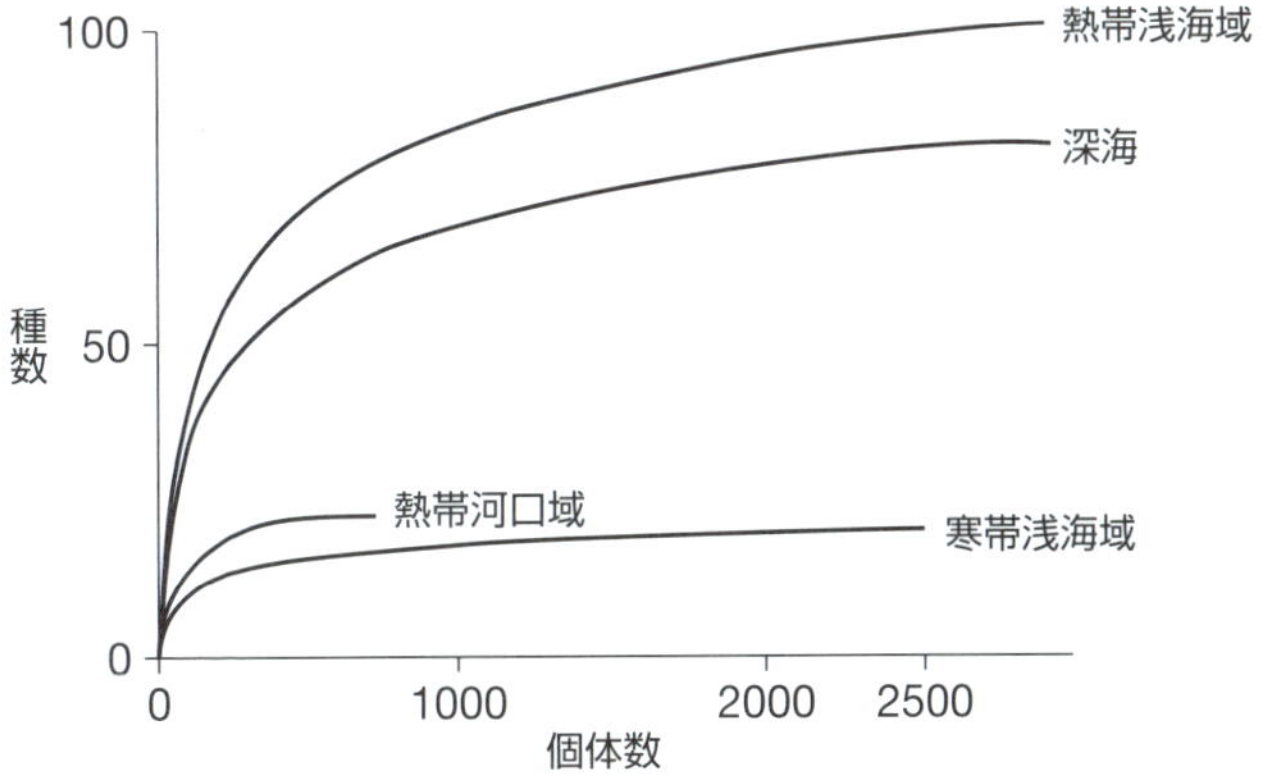

のです。このことについては、Chapter4で詳しくお話しします。

餌が少ない深海底での例外

深海底では餌が少ないということをお話ししてきましたが、これには例外があります。その1つが熱水噴出域(Hydro-thermal vent area)と湧水域(Cold seep area)と呼ばれる場所です。熱水噴出域は深海底における海底温泉です。海底下深くにしみ込んでいった海水が、マグマによって熱せられて、勢いよく海底の割れ目から噴出する地域になります。通常、水は100℃で沸騰しますが、深海底では高圧の水圧がかかるため10

●熱水噴出域と湧水域

熱水噴出域

湧水域

0℃では沸騰できずに、水温が200〜300℃という高温の熱水になります。しかも、高温のために地下から鉄分などのさまざまな鉱分が溶け込み、さらに火山性のガスとして大量の二酸化炭素や硫化水素などを溶け込ませて出てきます。この硫化水素は細菌によってエネルギー源として使われ、細菌はこのエネルギーを元に無機物から有機物をつくります。植物は光の当たるところで光エネルギーを用いて二酸化炭素から有機物をつくりますが、この方法を光合成と呼びます。一方で深海底の熱水噴出域では、光エネルギーはないため、細菌は硫化水素を酸化することで出てくる化学エネルギーを用います。このため、この有機物合成は化学合成といわれ、化学合成を行う細菌のことを化学合成細菌と呼びます。この化学合成細菌の増殖力は莫大なため、熱水噴出域周辺は化学合成細菌のつくる有機物を元にする化学合成生態系がつくられるほど、栄養豊かな場所となります。

また、湧水域も同じく化学合成生態系が形成される場所です。これは地震の巣にもなるプレートの沈み込み帯に形成されます。プレートの上には降り積もった有機物があります。これらが腐敗すると硫化水素が出てきます。すると熱水と同じように化学合成細菌が増え、それらに関わる生物たちが集まってきます。

深海生物の身体的特徴

Section 03

水深によらない体の違い

不思議な形の深海生物

多くの人は「深海生物」と聞くと、おそらくグロテスクな形をした生きものを思い浮かべると思います。しかし実際には、深海生物の大半は皆さんの知っている浅い海の生物と同じような姿形をしています。

皆さんが思い浮かべるような、面白い不思議な形をしたものは、Section02で示したように、主に中・深層に数多く生息しています。ここでは深海生物のほぼすべてに当てはまる身体的特徴を見ていきましょう。

細く、長くなった深海魚

深海の魚は、ヘビ型の細長い形態をしているものが多くなります。私も大学で深海生物の講義をしていると、よく「なぜ深海には、ウナギのようなにょろにょろとした形の魚が多いのですか」と質問されます。実は、この質問に対するはっきりとした答えはまだ出されていません。

私が考えるには、広範囲に遊泳する必要のある魚類は、基本的にヒレが発達して、力強く遊泳できるように進化してきています。これに対し深海魚は、餌は少量で低水温という環境に棲んでいるので、生きるために必要なエネルギーの消費量

●深海生物のさまざまな形

を最低限に抑えて生活をしています。このような場所では、なかなかありつけない餌を積極的に探し回るとエネルギーのロスになるので、餌が降ってくるのを待っていたり、目の前に獲物が来るのを待ち伏せしたりするほうが効率がよいのだと思われます。そのため、立派なヒレのある形には進化せずに、ほどほどの運動性のある細長い形のままでいるのではないかと思われます。

赤くなりたがる深海生物

深海生物は、赤色に反応しにくく、青色にはかなり敏感に反応します。この性質には、深海に届く光の量や状態が関係し

●浅いところに棲む魚の形

深海生物の大半は、浅いところに棲む魚と同じような形をしている

ています。

水深100メートルまで届く光は、海の表面に降り注ぐ太陽光の1パーセント程度です。どこまで深く届くかは光の色ごとに異なり、赤系の光は水深10メートルほどまで、青系の光は水深1000メートル程度まで届きます。海が青く見えるのはこのためです。

この結果、赤い光が届かない深海に棲む生物は、赤という色を判別する必要がなくなり、赤色に反応しなくなります。水族館で展示されている深海生物の水槽が赤い照明になっているのは、深海生物のこうした習性を踏まえ、不必要な刺激を与えないようにしているためなのです。

●水深によって異なる届く光の波長

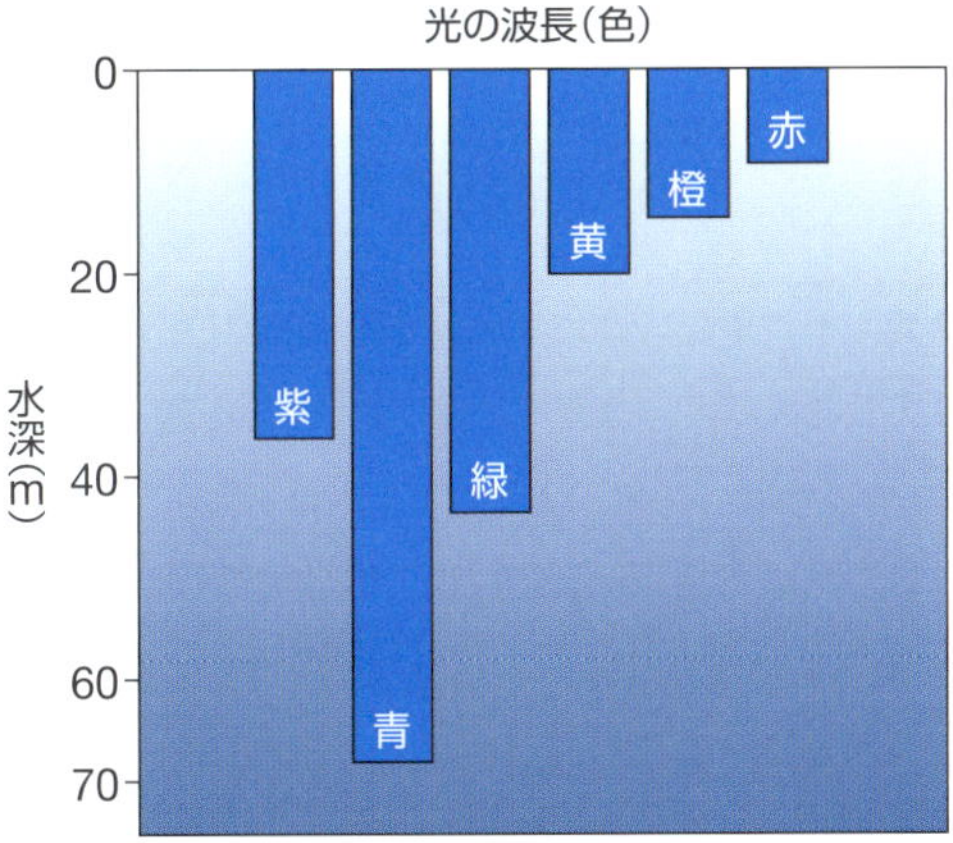

※環境により異なる場合がある

その一方で、青色にはかなり敏感に反応します。カサゴやキンメダイなど、青い光しか届かないトワイライトゾーン辺りまでに棲んでいる生物は赤い色をしているものが多いのですが、これは一種の保護色といえます。つまり、ほかの肉食の深海生物に見つけられないように、自らの体を赤くしているのです。自分でも認識できない色に、自らなっているというのは、面白いですね。

トワイライトゾーンでは、わずかながらも太陽光が届くため、自分の体で影ができることになり、自分の存在を外敵に知らせるという結果になってしまいます。これを防ぐため、トワイライトゾーンの生物は銀色の体をしたものが多くなっています。これを銀化といいます。体を鏡のようにすることで、自分に当たった光を同じ方向に反射させ、体を光に溶け込ませ、影ができないようにしているというわけです。

光が届かない水深になってくると、赤ではなく黒や白の生物が多くなってきます。黒はもちろん暗い中での保護色になります。白は色をつけるのをやめた生物といっていいでしょう。色をつくるのにもエネルギーがいるからです。もちろん水中で見えなくなるクラゲのような透明な生物は、表層から深海までさまざまな水深に多く見られます。

Section 04

深海生物の特殊能力

水温計、毒が効かない体……まるでゲームのキャラクター？

有毒ガスもエネルギー源

温泉地では、温泉とともに地中から放出された有毒ガスの硫化水素を吸い込んで、観光客が中毒死する事故が起こることがあります。深い海の熱水噴出域でも、熱水とともに多くの硫化水素が噴き出しています。ところが、深海には、この有害な硫化水素を、避けるどころか有効活用している生物がいます。その代表が、ハオリムシの仲間です。ハオリムシが硫化水素を吸っても生きていけるのは、血液中の赤血球に含まれる〝スーパーヘモグロビン〟のおかげです。

ヘモグロビンは、酸素と結合し、生きるのに必要な酸素を体中の組織に運ぶという役割を果たしています。一般に、生物が何らかの理由で硫化水素を吸い込むと、硫化水素は酸素より先にヘモグロビンに結合して離れなくなり、ヘモグロビンと酸素は結合できなくなります。その結果、体中の組織には、酸素ではなく硫化水素が運ばれ中毒死してしまうのです。

これに対し、ハオリムシのヘモグロビンには、硫化水素と結合しても、酸素とも結合して、体に必要な酸素を運ぶことができるという特殊な働きがあります。そのため、ハオリムシは、硫化水素の噴き出す熱水噴出域で生存できます。

さらに、ハオリムシは、硫化水素を利用して栄養を得ています。ハオリムシは、口や胃を持たない代わりに、体内に化学合成細菌を棲まわせています。この細菌は、〝スーパーヘモグロビン〟によって運ばれた硫化水素をエネルギー源にして、二酸

●サガミハオリムシ

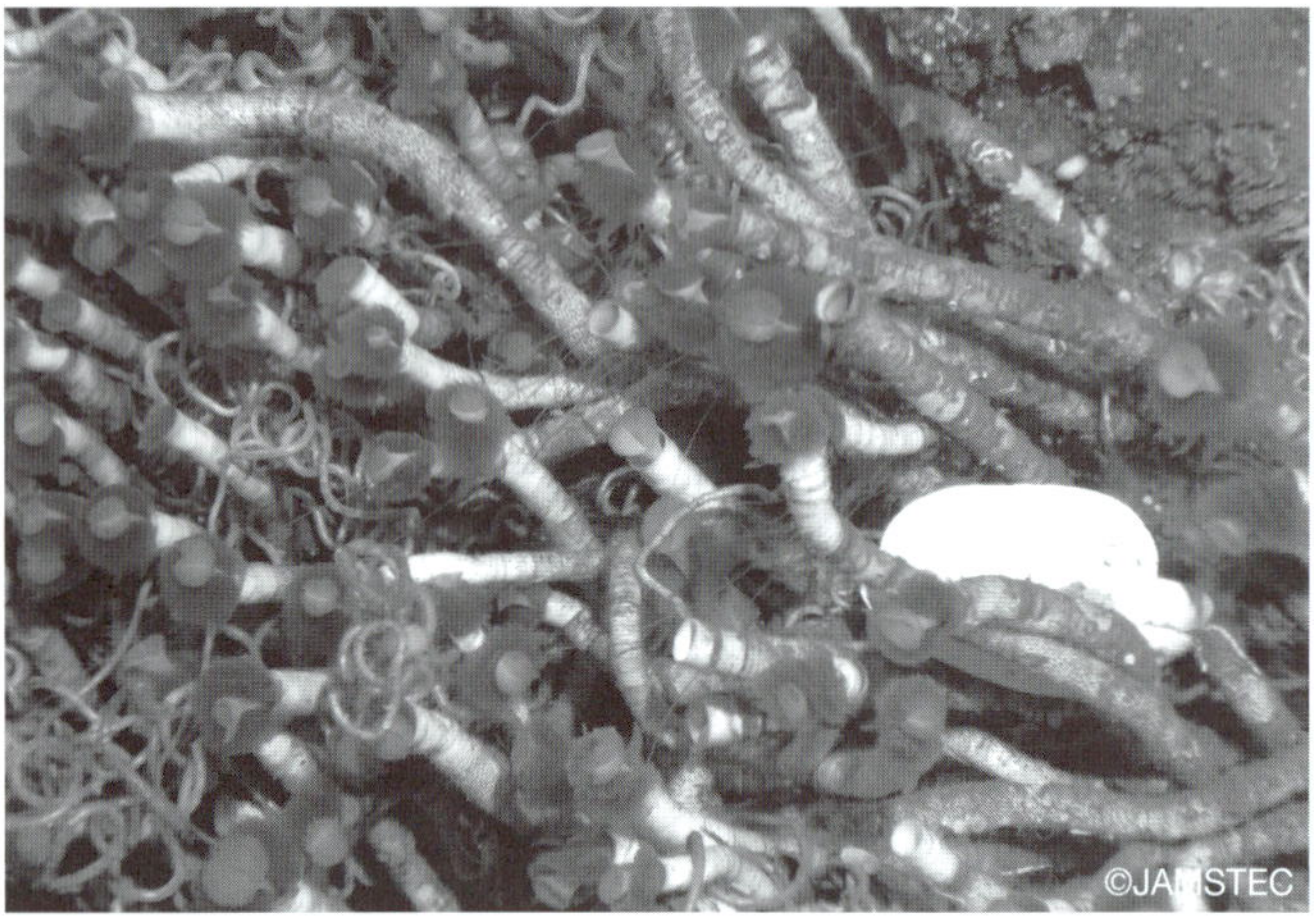

化炭素と水から炭水化物をつくります。この炭水化物がハオリムシの栄養になります。

このように体内の化学合成細菌と共生関係を結び、硫化水素を有効利用するハオリムシにとっても、過剰な硫化水素は命取りになることがあります。硫化水素は海水中で酸素と結合するので、硫化水素の量が多すぎると、その辺りは酸欠状態になり、ハオリムシは酸素を体内に取り入れることができなくなるからです。ハオリムシにとっては、海水中の酸素と硫化水素の絶妙なバランスが重要になるというわけです。

深海生物は「鳥目」

深海生物の目は、少しでも光が届く範囲ではできるだけ多く光を集めるために、水深が深くなるとともに大きくなる傾向があります。まったく光が届かなくなると、逆に目が小さくなる傾向があります。

また、大きさだけでなく目の構造にも特徴があります。目の網膜には、光そのものを感じる桿体細胞《かんたい》※と、光が十分にある状態で色を識別する錐体細胞《すいたい》の2種の視細胞があり、これが1層に並んでいます。深海魚の場合、ほとんどの種が、網膜に桿体細胞だけを持ち、しかもその桿体細胞はいくつもの層をつくるように並んでいます。桿体細胞

桿体細胞…目の網膜をつくる細胞の1つで、光の有無や強弱を感じる。

の数が多い分、深海生物は目の光を集める能力が高いといえるでしょう。

また、浅いところにいる甲殻類の複眼は、1つのレンズから1つの視細胞に光を当てるようになっていますが、深海生物の場合は、複数のレンズからの光を屈折させて1つの視細胞に集めてより光を集められるようになっています。

温度を「見る」センサー

まったく光の届かない熱水噴出域に群生するツノナシオハラエビ類は目が退化しており、モノを映像として見ることはできません。代わりに、ちょうど背中にあたるところ（頭胸部の背側）に背上眼《はいじょうがん》と呼

●深海生物の目の構造

深海性魚類などの多層網膜

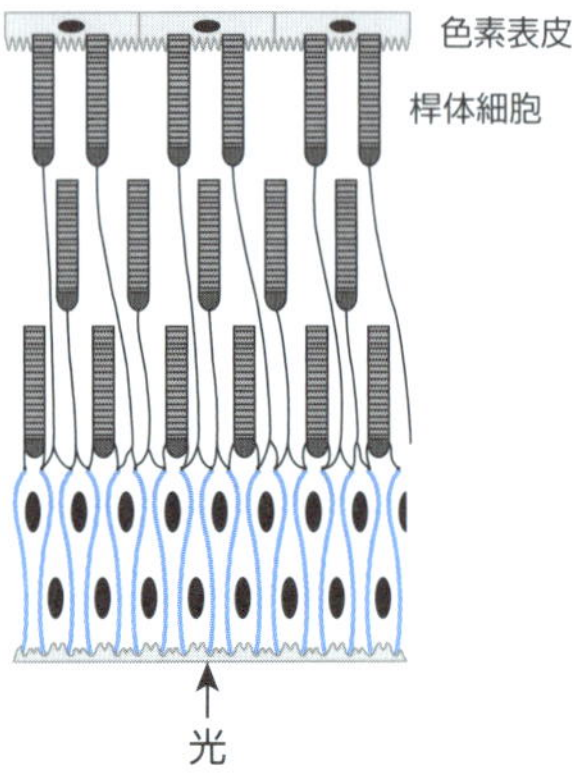

※Locket 1977より模写

甲殻類などの複眼

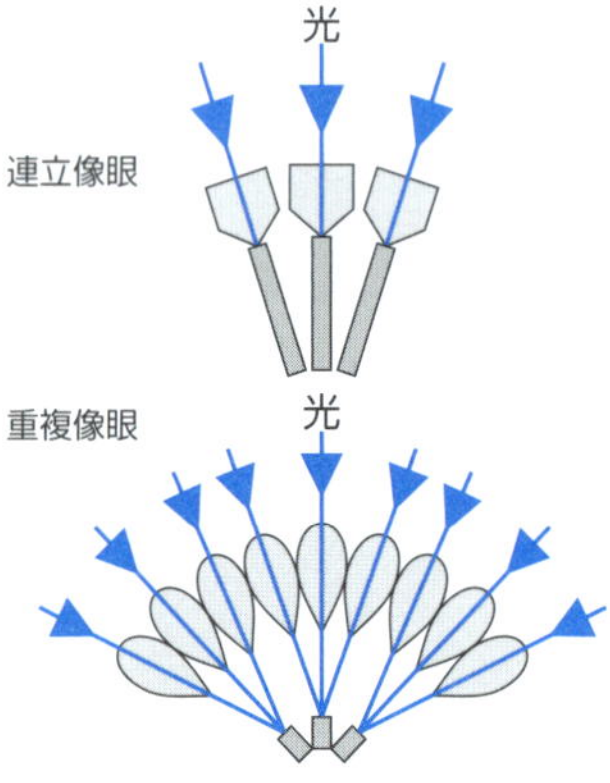

※Land 1980より模写

ばれる器官があり、ここで光を感じることができます。この部分には、桿体細胞に含まれるロドプシンに似た視物質※を含む光受容細胞がぎっしりと詰まっています。

ツノナシオハラエビ類がこうした器官を持つ理由は、彼らの餌と関係しています。ツノナシオハラエビ類は、いわゆるエビの頭の部分の殻である「頭胸甲」内部のエラの中に、自分の餌となる化学合成細菌を養殖しているのです。これらの化学合成細菌は、熱水中の硫化水素などをエネルギー源として有機物を合成しています。

海底から噴き出している熱水は30

●カイレイツノナシオハラエビの背上眼

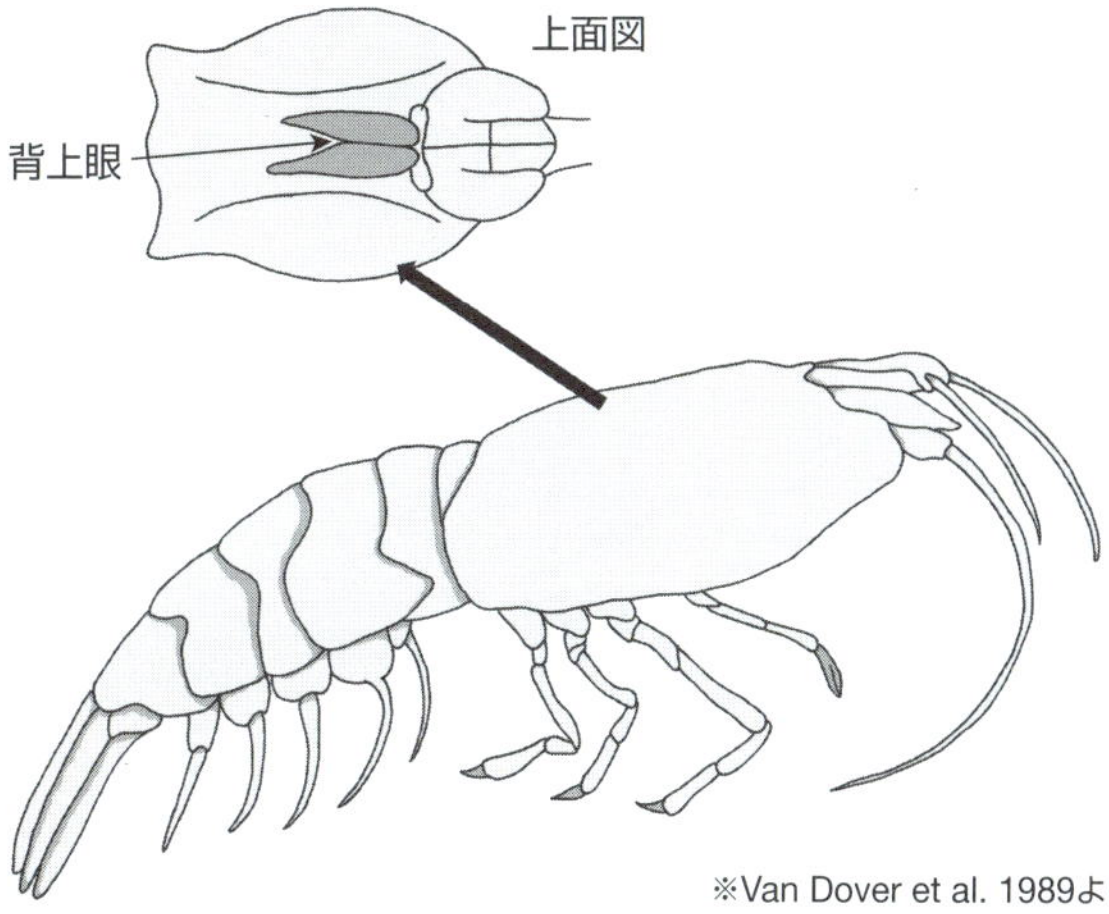

※Van Dover et al. 1989より模写

視物質…光を吸収して構造が変化する感光性の色素タンパク質。桿体細胞にある視物質はロドプシンと呼ばれ、光が当たるとレチナールとオプシンに分解される。このときに桿体細胞が興奮して大脳に光刺激が伝達される。オプシンとレチナールは、暗い条件下でビタミンAとともに再びロドプシンに戻る。

０℃以上にもなり、中〜遠赤外線を放っているため、ツノナシオハラエビ類は中〜遠赤外線付近の可視光を背上眼で見ることができます。背上眼があるおかげで、熱水に茹でられてしまうことなく、硫化水素を含む適度な温水のあるところを探し出すことができ、化学合成細菌を養殖できるのです。

溶けるはずなのに溶けない、貝のパラドックス

海の生物には、アサリやハマグリなど、貝殻を持ったものがいます。貝殻の成分は炭酸カルシウムです。炭酸カルシウムは浅い海ではあまり溶けませんが、深海のような低温、高圧の環境では、ある水深以上になると炭酸カルシウムは固体で存在できなくなります。

炭酸カルシウムが固体でいられる限界の水深を炭酸塩補償深度（ＣＣＤ：Carbonate Compensation Depth）といいます。このＣＣＤはそれぞれの海域で、温度やイオン濃度、水深などにより異なってきますが、太平洋ではだいたい４０００メートルくらいだといわれています。しかし、驚くべきことに、本来なら貝殻が溶けてしまうはずの４０００メートルを超える水深にも、二枚貝や巻き貝が存在しているの

です。

地震の巣ともいわれるプレートの沈み込み帯に形成される湧水域は、シロウリガイ類などの二枚貝類が生息している場所です。三陸沖の日本海溝水深5500〜6500メートルの湧水域には殻長16センチメートルほどのナギナタシロウリガイが、また7300〜7400メートルの湧水域では殻長3センチメートルほどのナラクハナシガイがたくさん生息しています。

これらの貝を採集してみると、ナラクハナシガイは貝殻が薄く、中身が透けて見えそうなほどで、やはり貝殻を維持するのは難しいようです。ナギナタシロウ

●ナギナタシロウリガイ

リガイの貝殻は厚いうえに重く、立派ではあるものの、貝殻の最も古いところである殻の先端部分である殻頂はやはり溶けてなくなっていて、炭酸塩補償深度（ＣＣＤ）以下の水深では徐々に溶かされていることがわかります。

炭酸カルシウムが固体ではいられない環境であえて炭酸カルシウムの貝殻を保って生きているのは、本当に驚きです。溶かされるよりも早くどんどん殻を形成しているのか、あるいは何か溶けにくい工夫をしているのか、ナギナタシロウリガイなどがＣＣＤより深い場所で殻を保つ仕組みはいまだに謎のままです。

Chapter.2
母なる海に適応する深海生物

©新江ノ島水族館

Section 05

水

水の不思議な力

「化学反応の場」になる水

海のことを知るためには、まず水のことを知ることが必要です。水は大気圧1気圧のとき、100℃で沸騰し、0℃で凍り始めます。また、水は温まりにくく、冷めにくいという特徴があります。

水には3つの基本的な性質があります。1つ目は、いろいろなものを溶かすことができるというものです。何かが溶け込んだ水は、性質が変わります。例えば、塩が溶け込んだ水は、溶けた分だけ沸点が上がり、凝固点も下がります。

また、水は化学反応の場も提供しています。私たちが生きるために不可欠な呼吸や食物の消化、吸収などはすべて化学反応ですが、水はその化学反応を起こしやすくする働きを持っているのです。

「骨」になる水

水の2つ目の性質は、生物の「骨」の役割を担っているというものです。ヒトなどの哺《ほ》乳類《にゅうるい》や魚類などは内骨格《ないこっかく》と呼ばれるつくりになっており、体の内部に骨を持つことで体の形を保っています。これに対し、昆虫などは骨を持たない外骨格《がいこっかく》と呼ばれるつくりになっており、体の表面を硬くすることで体の形を保っているのです。しかし、ゾウリムシのような単細胞生物やオオグチボヤのような水生生物の場合はまた別で、内骨格でも外骨格でもありません。これらの生物は水風船のように体の内部に水を含むことで、その

●骨格になる水の例

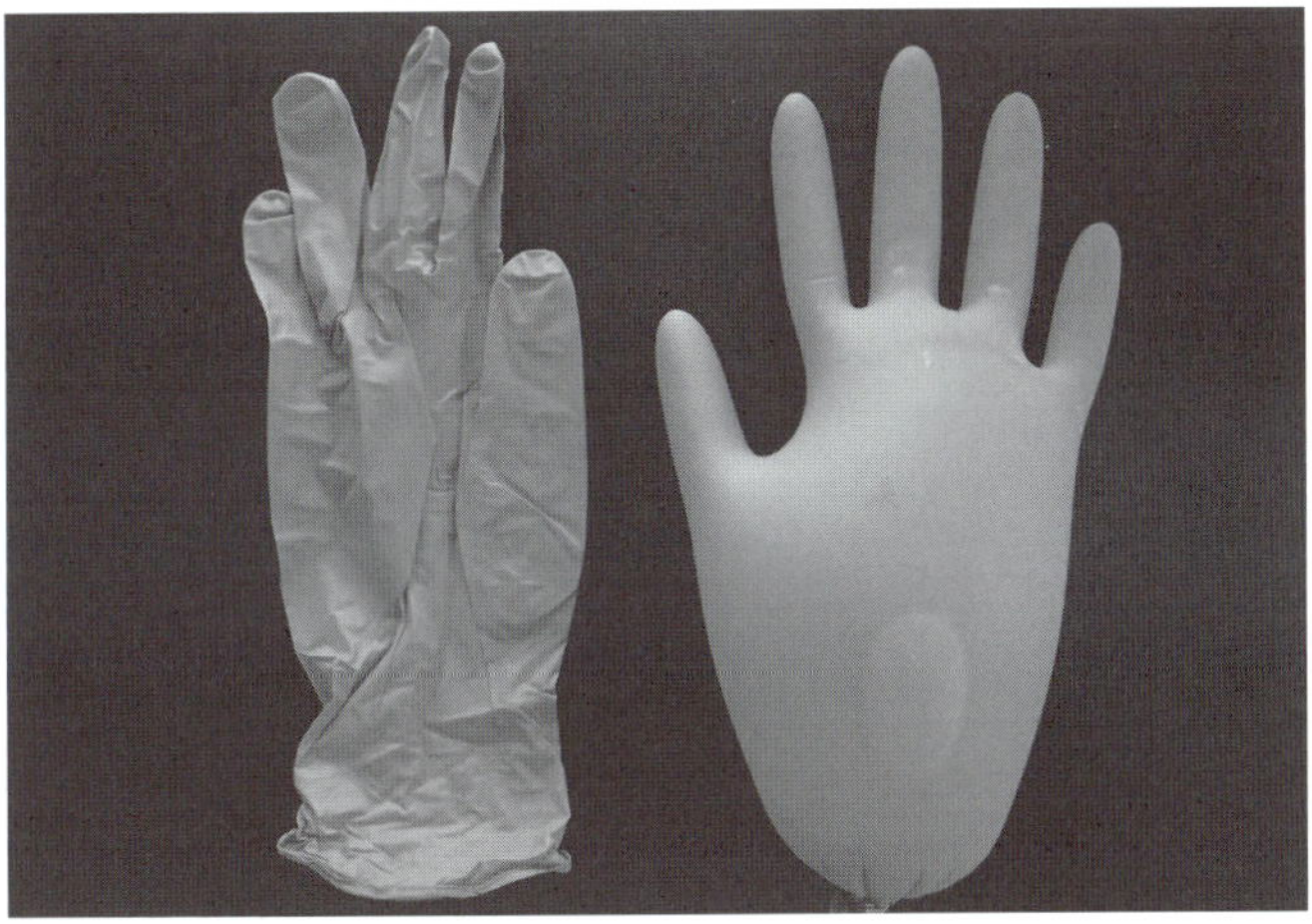

ゴム手袋に水を入れると、指も手のひらも立ち上がる。穴が開くとしぼむ

形を維持しているのです。

　内骨格や外骨格の生物が骨や殻をつくるにはかなりのエネルギーが必要ですが、水を骨として使用する場合、新たに何かをつくる必要がないので、省エネという利点があります。しかし、このように水を骨として使用する生物は当然、水のないところでは生きていけません。クラゲも、水から出してしばらくはそのままの形でいることができますが、乾燥して水が奪われてしまうと、1枚の薄いシート状になってしまいます。

「断熱材」になる水

　水の3つ目の性質は、凍ると「断熱材」になるというものです。

　水は4℃で最大密度になり、重くなります。0℃で氷になると、逆に密度が小さくなり、氷は水に浮きます。水面に張った氷は冷気をシャットアウトするので、氷の下では水温が過度に下がらず、水中の生物たちは寒さに耐えることができるのです。風で水がかき回されることも少なくなり、環境も安定します。極寒の冬になると、魚などは周囲より温かい4℃の水がたまっている水底近くでじっとしています。

海風と山風

　水についてより深く知るためには、陸上にも目を向ける必要があります。陸上の砂や土は、水とは逆に比熱容量が小さく、温まりやすく冷めやすいという性質があります。この性質によって海風と山風が生まれ、海が近くにある地域では、この風が温度調節の役割を担っているのです。

　昼間は陸上のほうが温まってしまうため、温まった軽い空気が上昇し、上昇気流が起きます。すると上昇気流に引っ張られて、海で冷やされた冷たい空気が陸に向けて吹きます。これが海風です。夜にな

●水の密度

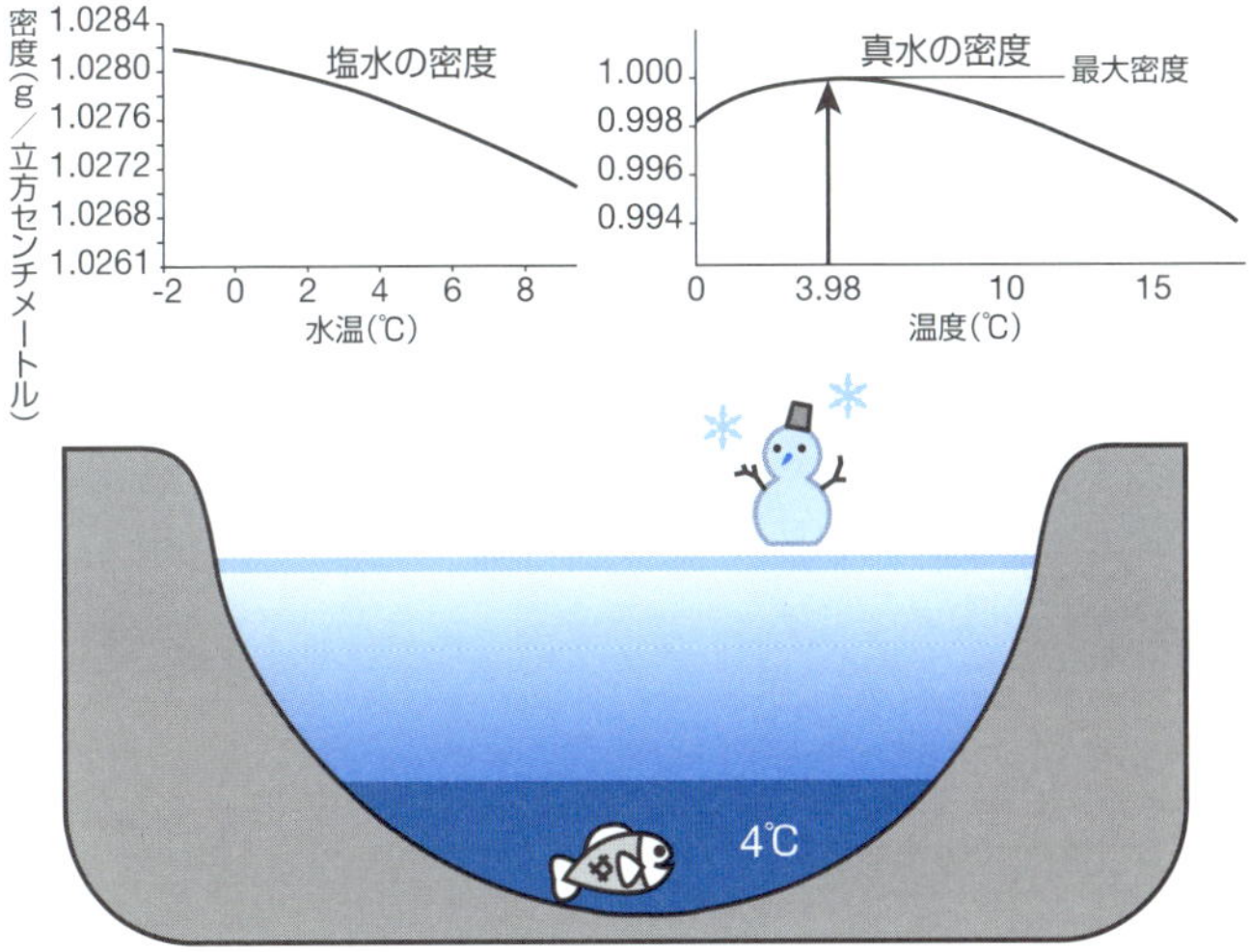

ると、昼とは逆に海のほうが温かい状態になります。すると、昼とは逆に海の上で上昇気流が起き、陸上から海に向けて冷たい空気が吹きます。

海があることで、自然のクーラー機能が働き、気温の寒暖の差が適切に抑えられ、生物が暮らしやすい気候が形成されるのです。

●海風と山風

Section 06

水温

海の見えない壁、水温

地域で異なる水温

ここからは、水そのものの性質ではなく、海を構成する一要素としての水の性質について述べていきます。まずは、温度に関係する水の性質を見ていきましょう。

水温は太陽の日射量により変化します。低緯度の熱帯域では、1年を通して25℃以上と温かく、北極や南極とその周囲（極域）付近では0℃近くになります。その中間に位置する中緯度の温帯域では、夏場は日射量が多くなるので水温は高くなり、冬場は日射量が減少するので水温が低くなるなど、寒暖の差が激しいのが特徴です。

水深で異なる水温

Section02で述べたように、水温は水深で変化します。日射量が多いほど水温は上がるため、年間を通して日射量が多い低緯度から中緯度で、変化は顕著に現れます。

日射量が多い低緯度では、海面がすぐに温められますが、深いところでは太陽からの熱が届きにくくなるために、水温が上がりにくくなります。すると、海の表面では温められた密度の低い海水の層ができ、冷たい海水の上に浮かんでいる状態になります。このように層ができることを「成層《せいそう》」といいます。

●水温の水平分布

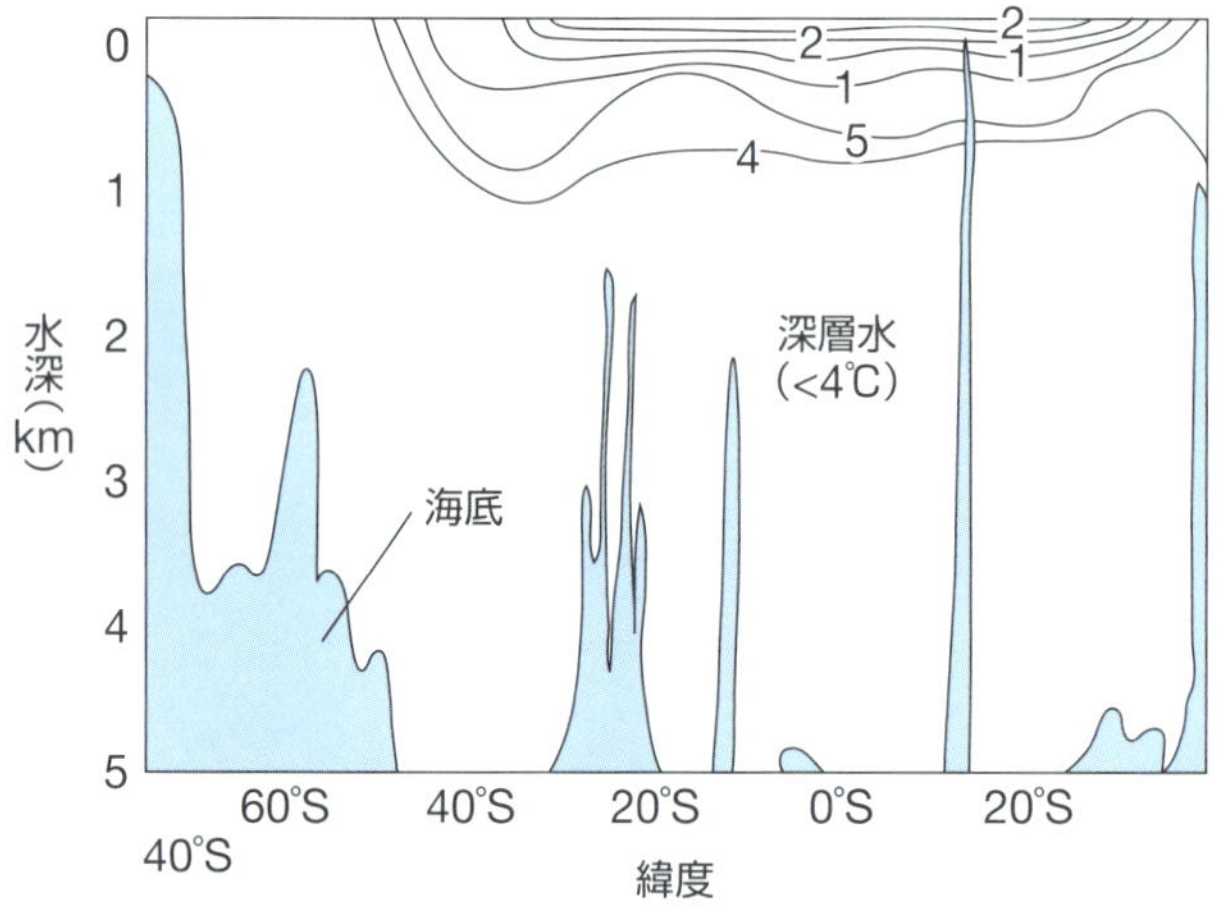

中緯度は低緯度地域と異なり、冬がやってきます。冬は表層が冷たい風で冷やされ、水温が急激に下がります。冷たくなった水は密度を増すため、すぐ下のもっと温かい水の下へと沈んでいきます。

また、少し深いところの水のほうが比較的温かく軽い水となってしまい、上の層と下の層の混合が起こり、成層の状態ではなくなります。中緯度地域では、四季の変化により成層と混合が繰り返され、水温環境が鉛直的に大きく変動します。

こうした海水の鉛直混合は、深海の栄養分を表層に輸送するため、表層では植物プランクトンが増殖することになり、

●水温の鉛直分布

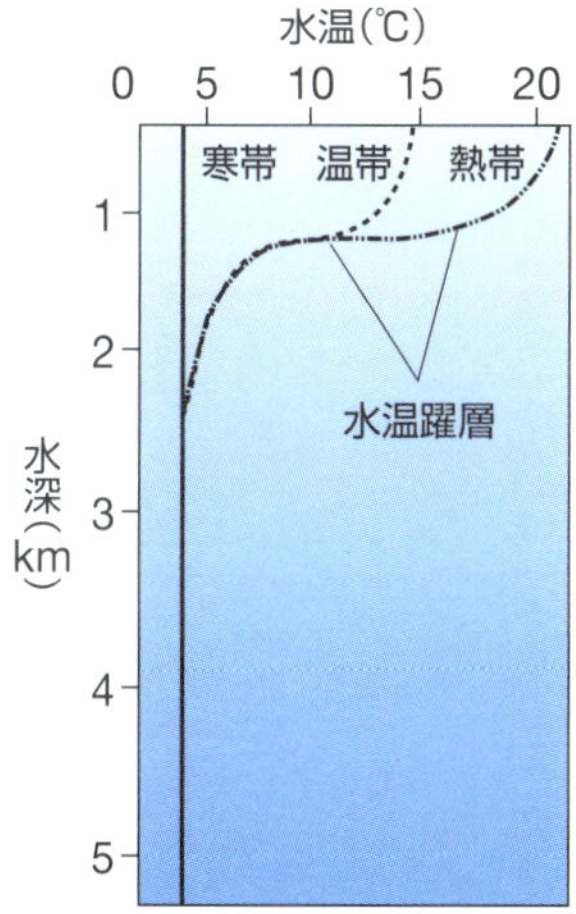

その結果、深海へ輸送される栄養分も増えるのです。

水温躍層（サーモクライン）

お風呂を沸かして最初に入るとき、上のほうは熱く、下のほうはぬるくなっていますね。また、海や湖で泳いだり潜ったりすると、あるところで急に冷たくなるのを感じたことがある人も多いと思います。水は温かくなると、膨張して軽くなります。逆に冷たくなると収縮して体積が小さくなり、重くなります。そのため、温かい水は上に、冷たい水は下になった状態で落ち着きます。

お風呂と同じように、低緯度地域や中緯度地域では、表層近くの温かい海水と、海底近くの冷たい海水とで、はっきりと水温が分かれています。その境目には、水温が特に激しく変わる層があり、これを「水温躍層《すいおんやくそう》」と呼びます。この水温躍層は、水深およそ200〜1000メートル程度のところに存在します。水温躍層の下では、緯度にかかわらずほとんどの海洋で、熱帯でも寒帯でもどこでも水温は4℃以下になり、環境が安定しています。

Section 07

塩分

もう一つの大きな壁、塩

「塩」…何と読む?

「塩」という漢字には、「しお」と「えん」の2種類の読み方がありますが、実はその読み方次第で意味は大きく異なります。

「しお」は、私たちが普段の料理に使う、塩化ナトリウムを主成分とする固形物を指します。「えん」は、酸と塩基に由来する化合物の総称を指します。塩化ナトリウムもこの化合物の1つであるため、「しお」も「えん」の1つということになるのです。

海水中に含まれる塩《えん》の量を「塩分」といいます。平均的に海水は、海水1キログラム当たり35グラムの塩を含み、このときの塩分を35パーミルといい、‰という単位で表します。これを百分率で表すと3・5パーセントになります。この塩分の内訳は、塩化物イオン(Cl^-)とナトリウムイオン(Na^+)が85・7パーセント、硫酸イオン($SO_4{}^{2-}$)、マグネシウムイオン(Mg^{2+})、カルシウムイオン(Ca^{2+})、カリウムイオン(K^{+})を加えて約99・3パーセントになります(下表参照)。

そのほかには、重炭酸イオン(HCO_3^-)、臭素(Br^-)、ホウ酸(H_3BO_3)、ストロンチウムイオン(Sr^{2+})で、これも含めると99・99パーセントになります。

深海では、水温が冷たくなることに加え、塩分も濃くなります。沿岸の表層では28〜30パーミル程度ですが、深海では34〜35パーミルになり、重い海水がたまっています。

●海水中の主な塩分組成

海水1 kg中に溶解している無機塩類の総重量

イオン	濃度(g kg^{-1})	海水の全塩類重量に占める割合(%)	(累計)
Cl^-	18.98	55.04	55.04
Na^+	10.56	30.61	85.65
SO_4^{2-}	2.65	7.68	93.33
Mg^{2+}	1.27	3.69	97.02
Ca^{2+}	0.40	1.16	98.18
K^+	0.38	1.10	99.28
HCO_3^-	0.14	0.41	99.69
Br^-	0.07	0.19	99.88
H_3BO_3	0.03	0.07	99.95
Sr^{2+}	0.01	0.04	99.99

塩分は違うが成分は一定

塩分は地域によって違います。川などの淡水の影響がある沿岸部や、雨の多く降るところでは、海水は淡水に薄められるため塩分が低くなり、逆に海の沖合や乾燥している地域では塩分が高くなります。しかし、塩分は変わっても、先ほどお話しした海水に溶け込んでいる塩分の成分の比率は35パーミルの塩分でも10パーミルの塩分でも変わらず一定になっています。これは、深海に生物がいるかどうかという科学的な決着をつける目的で、1872〜1875年に世界一周の科学的調査航海を行ったイギリスのチャレン

●塩分の鉛直分布と塩分躍層

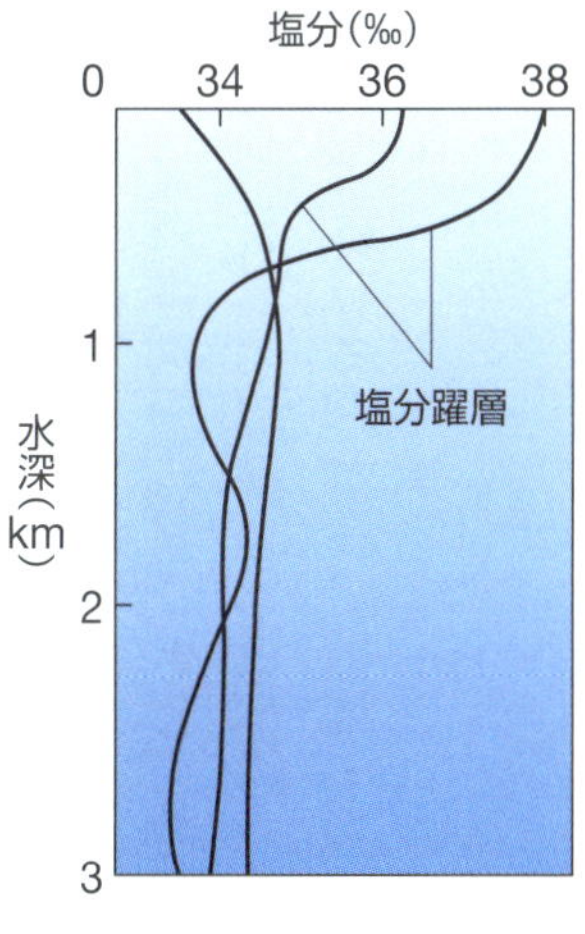

ジャー号航海によって見い出された発見で、ディットマーの原理ともいわれます。

塩分躍層（ハロクライン）

これまでは地域による塩分の違いを見てきましたが、水温が水温躍層（サーモクライン）ではっきりと分かれているように、塩分もはっきりと分かれる層があります。水深200～1000メートル程度に位置するこの層は、低緯度から中緯度にかけて見られ、塩分躍層（ハロクライン）と呼ばれています。この層よりも下では、塩分は熱帯でも寒帯でも常に34・5～35パーミルになり、環境が安定しています。もちろん深海も塩分躍層があるおかげで、常に塩分が安定しているのです。

密度と密度躍層

海水の密度は、塩分、水温、圧力によって計算されます。単位は、グラム／立方センチメートルです。20℃で35パーミル程度の海水では1・025グラム／立方センチメートル程度になります。水温が低くなったり塩分が上がったりすると、海水は密度を増します。また、圧縮によっても密度が上がります。水温躍層と塩分躍層はほぼ同じところに形成されるので、密度躍層もそれらがあるところに形成されます。

空気の入ったペットボトルは押しつぶすことができますが、水が入っているペットボトルは押しつぶすことが難しいことからわかるように、水は圧縮されにくい性質を持っています。しかし、Section08で解説するように、深海底での水圧はものすごい大きさですので、水も少なからず圧縮されてしまいます。もし、水がまったく圧縮されなかったら、海水面は今より約50メートルも高くなるそうです。

●水温と塩分の違いによる海水密度の変化

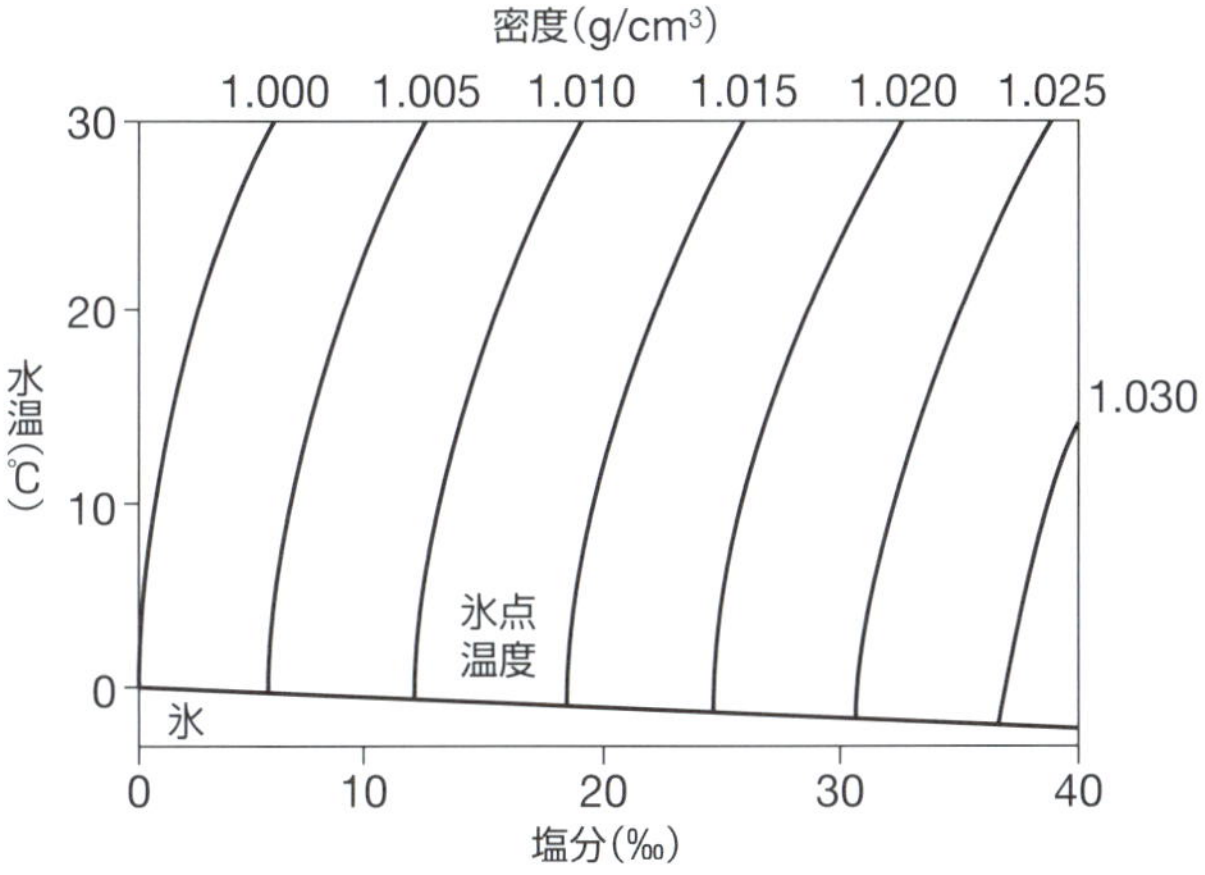

水温、塩分、密度が深海生物の行く手を阻む

ここまで、水温躍層、塩分躍層、密度躍層という言葉が出てきましたが、深海生物にとってこれらの躍層を越えることは、かなりの危険を伴います。体の周囲の水温が急激に上がると、体温調節ができなくなり、死んでしまう恐れがあります。また、塩分の急激な変化にもすぐには適応できず、やはり死んでしまう可能性があります。遊泳力が比較的強い、浅瀬の魚類の中には、これらの躍層を越えられるものもいますが、深海に棲む魚類や無脊椎動物は総じて遊泳力が弱いので、この躍層を越えることができるものはほとんどいません。これらの躍層は、目で見ることはできませんが、深海と表層を隔てる大きな壁となり、深海生物の生活範囲を制限しているのです。

Section 08

水圧 宇宙に行くより、深海に行くほうが難しい？

私たちが背負う空気の重さ

普段から意識している人はいないと思いますが、私たちが陸上にいるとき、体の上には空気がのっています。海では海面1センチメートル四方につき、空気が1気圧（1013ヘクトパスカル）の力で海を押さえつけています。わかりやすくいうと、1センチメートル四方につき、約1キログラムの空気の柱がのっていることになるのです。

実は、陸上と同じようなことが海中でも起きています。水だけでも重そうなのに、その上にさらに空気の柱をのせた海は、いったいどれくらい重いのでしょう？　その下にいる深海生物にはいったいどれくらいの重さがかかっているのでしょうか？　これから詳しく見ていくことにしましょう。

真水の重さ

まずは、水深10メートルでの水圧を基準に考えてみましょう。水深10メートルの地点に、底面積が1センチメートル四方、高さが10メートルの水柱があるとします。真水は、1立方センチメートルにつき1グラムです。それが10メートル積み重なっているとすると、10メートル＝１０００センチメートルで、ちょうど1キログラムになります。この計算でいくと、水深10メートルにつき1キログラムの力が加わるので、水深が10メートル深くなるにしたがって、1気圧ずつ加算されていくことになるのです。

海の表面には空気の柱ものっているので、10メートル潜ると大気圧1気圧と合わせて2気圧かかるということになります。水深１０００メートルでは１０１気圧、水深が約1万１０００メートルあるマリアナ海溝最深部では１１０１気圧かかることになり、1センチメートル四方に１１０１キログラムの力がかかっていることになるのです。

海水の重さ

これまで述べてきた計算方法は、海が真水だった場合に成り立ちます。塩分などを含んだ海水の密度はもっと高く、1立方センチメートルにつき1・025グラム程度になります。厳密に計算すると、水深1万1000メートルでは1101×1・025キログラム＝1128・525キログラム、すなわち大人の人差し指の先ほどの広さに、約1・1トンの海水がのっていることになります。

水深200メートルより下の深海では、20気圧以上の重さが加わっているはずなのに、深海生物が押しつぶされない

●水圧

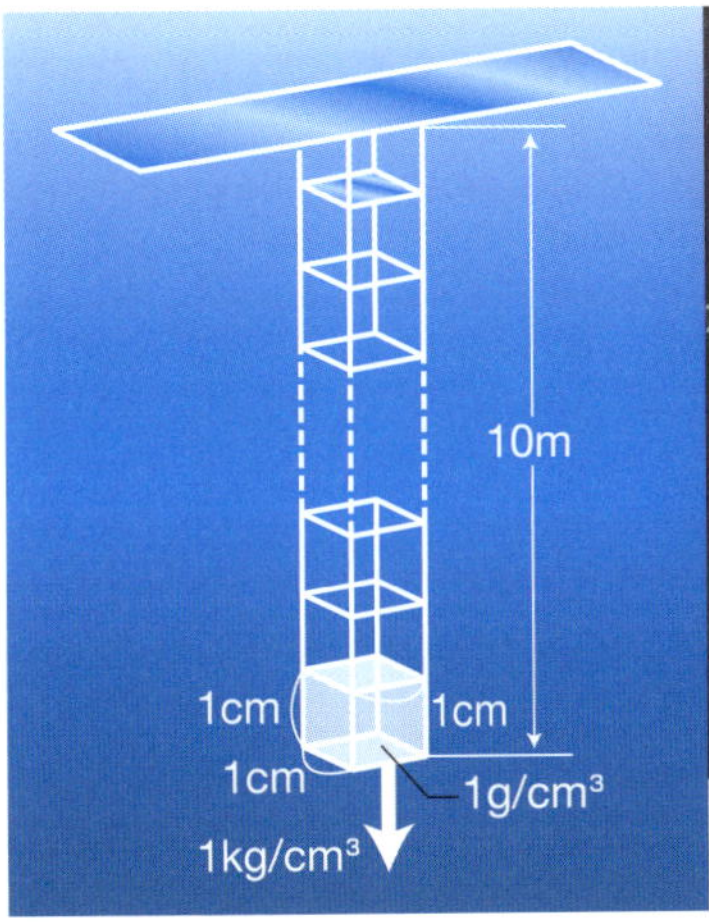

水深350 mでは、カップ麺の容器やテニスボール、ピンポン球は完全につぶれているが、卵は形状を保っている

のは、体の内側に空洞がないからです。ピンポン球を深海に持っていくと、空洞内部の空気が水の重さに押しつぶされ、簡単に割れてしまいますが、内部が液体や固体で満たされている卵や豆腐などは、割れたり壊れたりしないのです。深海生物も同じように空洞を持たないため、体を維持できているのです。

宇宙よりも遠い深海

誰もが遠い存在と思っている宇宙でも、見ようと思えば天体望遠鏡をのぞいて星を探すことができますし、月の表面もよく見えます。しかし、宇宙よりも私たちの近くにある深海は、道具を使っていつでも観測できるというものではないのです。

水は透明なようで透明ではなく、海底までは光が届きません。宇宙へ向かうロケットは、一度重力が届く範囲から抜け出せば、後は惰性で飛んでいくことができますが、深海は潜れば潜るほど何百気圧というすさまじい圧力がかかり、下に行くにしたがって進むのが難しくなる環境です。潜水船で行けたとしても、見ることができる範囲はほんのわずかで、地球儀を針で突いた先くらいしかないのです。圧力と不透明さが、宇宙よりも近くにある深海を、宇宙よりも遠い存在にしてしまうのです。

Section 09

溶存酸素

太陽と植物からの贈り物

酸素の供給源

基本的に生物には酸素が必要不可欠です。嫌気性細菌などのように、酸素がなくても生きていける生物はいますが、ほとんどの生物は酸素なしでは生きていけません。水中に溶け込んでいる酸素のことを溶存酸素（Dissolved Oxygen。略してDOということもあります）といいます。酸素などほとんどすべての気体は、温度が低いほど、塩分が低いほど、圧力が高いほどよく溶け込みます。

酸素は基本的に植物の光合成からつくられたものです。大気中には陸上の植物がつくり出した酸素が、大気の約20パーセントの割合で存在します。この酸素は、海の波や風などで海面が攪拌《かくはん》されることにより気泡ができ、酸素が海中に溶け込みます。また、海表面でも大気から海水に溶け込んだり、海から大気中に出ていったりします（拡散※

拡散…濃度の濃いほうから薄いほうへ、徐々に物質が広がっていくという作用。

と呼びます)。

海の中では、植物プランクトンや海藻《かいそう》、海草※などが光合成により酸素をつくり出していますが、これらの植物は水深約２００メートルよりも深い場所には生息していません。つまり、海の酸素はすべて表層でのみ生産、供給され、深海からはまったく供給されないのです。

バクテリアがつくる酸素極小層

先に述べたように、深海では酸素は使われる一方で、供給する生物がいません。魚類や動物プランクトンなど、目に見える生物が呼吸により消費しているのは事実です。しかし、実はそうした生物の呼吸よりも、バクテリアなどの目に見えない微生物による消費が大きな割合を占めているのです。バクテリアはプランクトンなどの死骸、マリンスノー(Ｃｈａｐｔｅｒ４参照)、生物の糞などを分解しています。その分解活動が最も盛んになる層では酸素がほとんどなくなるため、酸素極小層ともいわれています。

酸素極小層は密度躍層(Ｓｅｃｔｉｏｎ07参照)とほぼ同じ場所でつくられます。密度躍層では、表層から沈降してくるマリンスノーなどの餌が集約されることにより、バ

海藻と海草…海草は、アマモなど陸上の花や種をつける被子植物が海に入ってきたもので、花を咲かせ、根、茎、葉の区別がある。一方、海藻は原始的な植物の藻類で、根、茎、葉の区別はなく、海藻サラダなどに使われる。

クテリアの呼吸が活発になり、死骸や糞の分解も促進され、酸素消費量が増します。その一方で、新しい酸素は供給されません。密度躍層よりも上にある、酸素を含んだ表層からの海水は、密度躍層を越えて下に沈むことができないため、表層からの酸素の供給が追いつかなくなるためです。供給以上の消費により、酸素極小層が形成されるというわけです。

この酸素極小層の下では、餌の量、温度、代謝※、さらに生物の量も少なくなるため、酸素消費量が少なくなります。そのため、今度は逆に残される溶存酸素量が多くなってくるのです。

●溶存酸素量の鉛直分布

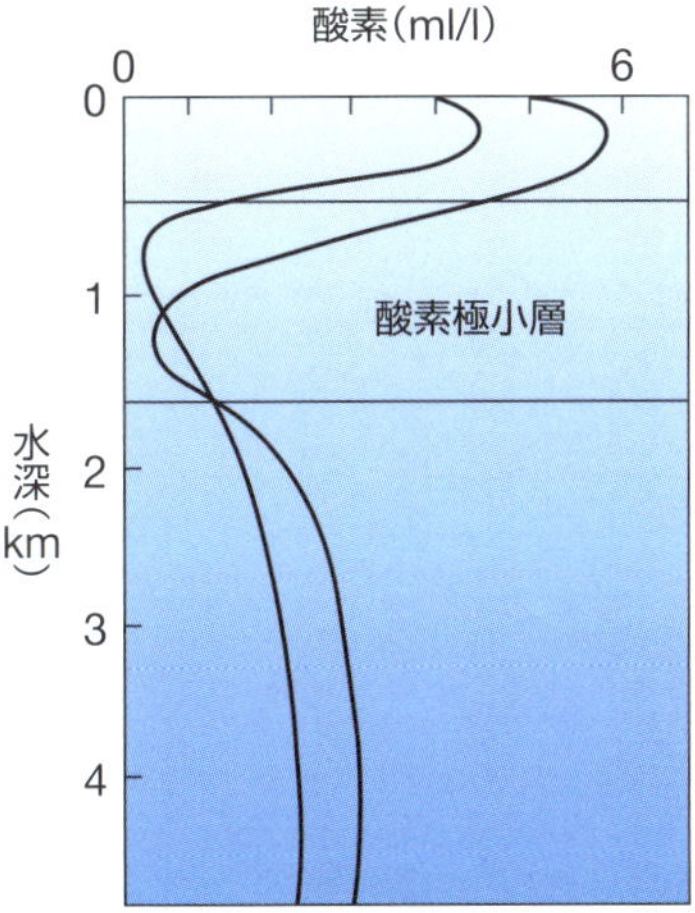

代謝…生きるために、外界から得た有機物や無機物を、体内で分解してエネルギーを取り出したり(異化)、エネルギーを用いて物質を合成したり(同化)すること。

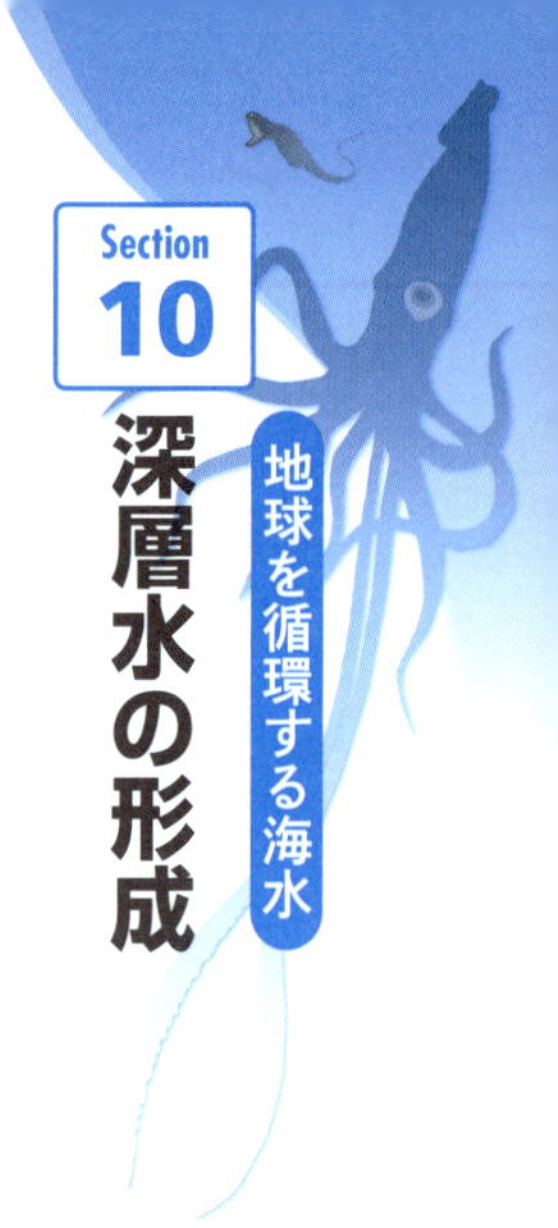

Section 10

地球を循環する海水

深層水の形成

酸素が深海に届く仕組み

寒い冬には、目覚めてもすぐにはふとんから出られず、冬がこなければいいのにと思う人も少なくないでしょう。ところが、もし冬が暖かくなってしまうと、深海は死の海になってしまうかもしれません。それには、次のような海水の循環の仕組みが関係しています。

海の深いところでは海水がゆっくりと流れますが、この流れの大もとは北大西洋のグリーンランド沖と南極のウェッデル海周辺にあります。これらの地域は高緯度にあり、高緯度による気温の低さと海水の存在により、海水はみるみる冷却されていきます。海水は、冷やされれば冷やされるほど、密度が高くなります。冬場には海水が凍りますが、このとき凍るのは海水の水分だけで、塩分は氷の外に締め出されてしまいます。その結果、凍らなかった海水の塩分は高くなり、塩分と密度が高くなった海水は、一気に海底へと沈んでいきます。これが深層水のもとになります。深層水とは、大洋の中・深層にある水のことで、雑菌が少なく、栄養塩※が豊富な水といわれています。私たちが利用する深層水は、商業的には水深200メートル以深の海水のことをいいます。

水温が低い深層水は、酸素を多く溶かし込んでいます。表層の海水は、多くの酸素を取り込んでおり、これが沈み込むことで、深海へと酸素が輸送されます。このような動きは深層海流と呼ばれ、いくつかの深層海流をまとめて深層循環と呼び

●海洋大循環

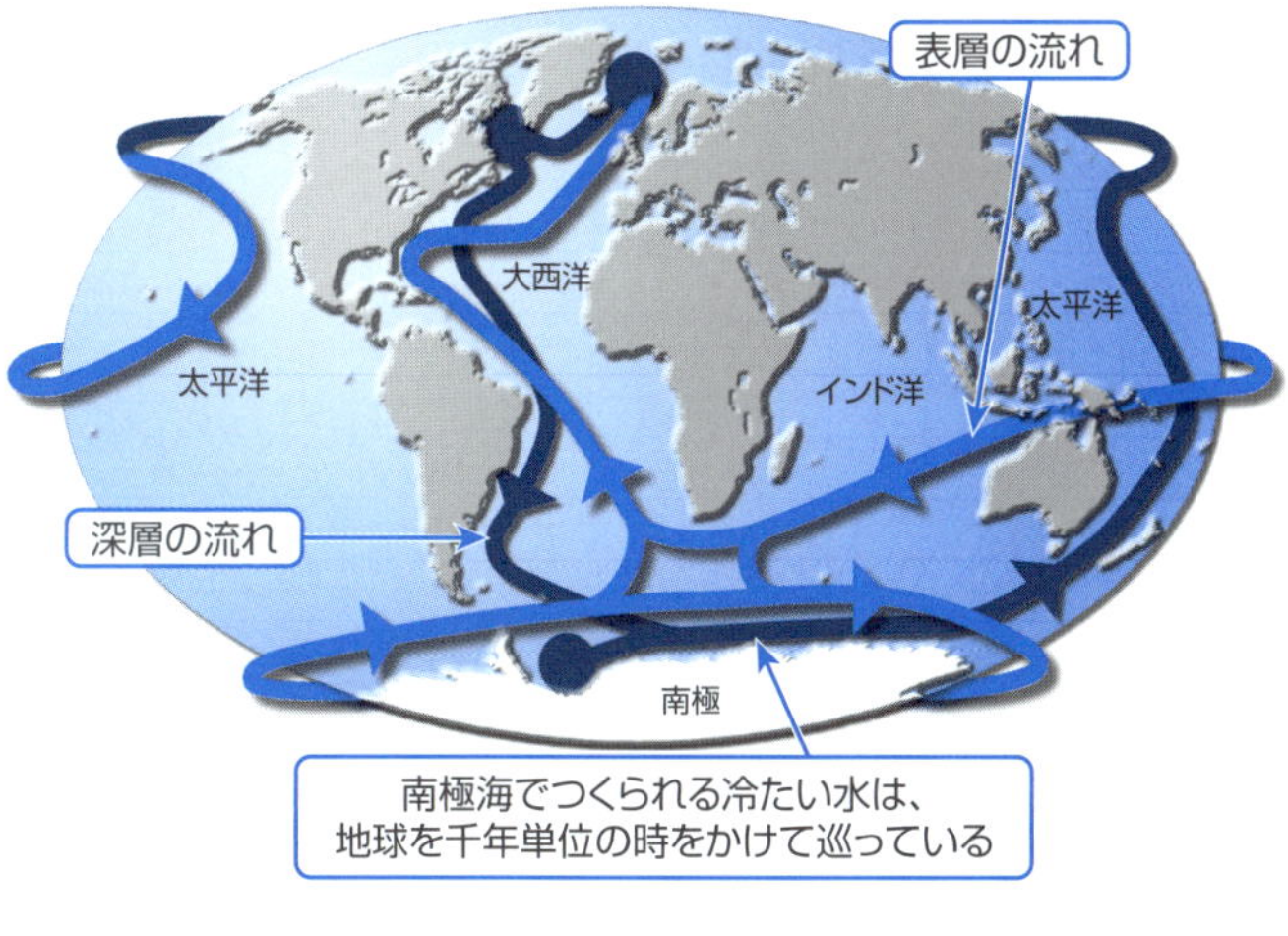

栄養塩…植物プランクトンの栄養として、窒素、リン、ケイ素がある。窒素源としてはアンモニア、亜硝酸、硝酸があり、リン源としてはリン酸、ケイ素源としては、ケイ酸がある。

ます。深層循環は水温の低下と塩分の濃縮により形成されるため、熱塩循環とも呼ばれます。

もし、冬が寒くなくなってしまうと、この深層循環のきっかけがなくなってしまい、酸素が深海に運ばれず、深海生物のほとんどが死に絶えることになるでしょう。冬の寒さこそが、深海生物を生かしているのです。

２０００年、海底の旅

深層水が生まれるのは、大西洋のグリーンランド沖と南極海です。グリーンランド沖での海水の沈み込む速度は、毎秒１５００万トンともいわれます。この沈み込んだ重く冷たい海水は、大西洋を南下し、南極で沈み込んだ海水と合流し、インド洋や太平洋へと流れていきます。深層水はこの長い旅の間に、海底にたまった栄養塩をどんどん取り込み、最終的にインド洋や太平洋で暖かい表層の海水と混じり合ったり、浅瀬にぶつかったりして深層水が湧昇して、表層にまで上がってきます。

太平洋では、沈み込んでからの経過時間が最も長い、古い深層水が表層に上がってきます。この深層水は、表層に上がるまでの長い年月、有機物が分解されてできる栄養塩を、深海底で取り込めるだけ取り込んでいます。この栄養塩を栄養源として植物プランクトンが増え、北太平洋の表層は栄養豊富な海になるのです。

インド洋や太平洋の表層に上がってきた深層水はどうなるかというと、大西洋に戻ります。この大規模な循環は表層大循環と呼ばれ、グリーンランド沖を出発したときから数えると、この長旅は2000年にも及ぶことがわかっています。

Section 11

環境で変わる体の機能

過酷な深海環境で生きられる秘密

釣りをする深海生物

これまで述べてきたように、深海生物の棲む環境は、水の性質や海流など、さまざまな働きによって成り立っているということがわかったと思います。しかし、関係するのは水だけではありません。ここからは、環境に適応して姿や体の機能を変えた深海生物自身にスポットを当ててみましょう。

Ｃｈａｐｔｅｒ１で述べたように、深海にはごく少量の餌しかありません。いつ出合えるかわからない餌を探し求めて動き回るのは、体力を無駄に消耗するだけです。目の前に餌が現れるのを待つのが、エネルギーのロスを少なくする最善の方法ですが、深海はただ待っていれば餌がやってくるような、都合のよい世界ではありません。深海生物たちは、できるだけ餌と出合える確率を高くするように進化してきたのです。

最も代表的ともいえる進化の特徴といえば、チョウチンアンコウなどに見られるルアーです。ルアーを光らせて、それを餌だと勘違いして寄ってきた生物を丸のみにしてしまいます。ルアーを持たないクラゲなどは、体を大きくして、餌となる生物との接触の機会をできるだけ多くしています。

また、常に浮いている必要がある中・深層の生物は、体を沈まないように保つ努力が必要となります。この浮遊するためのエネルギーを少なく抑えるためにも、さまざまな工夫が見られます。

●ラクダアンコウの仲間

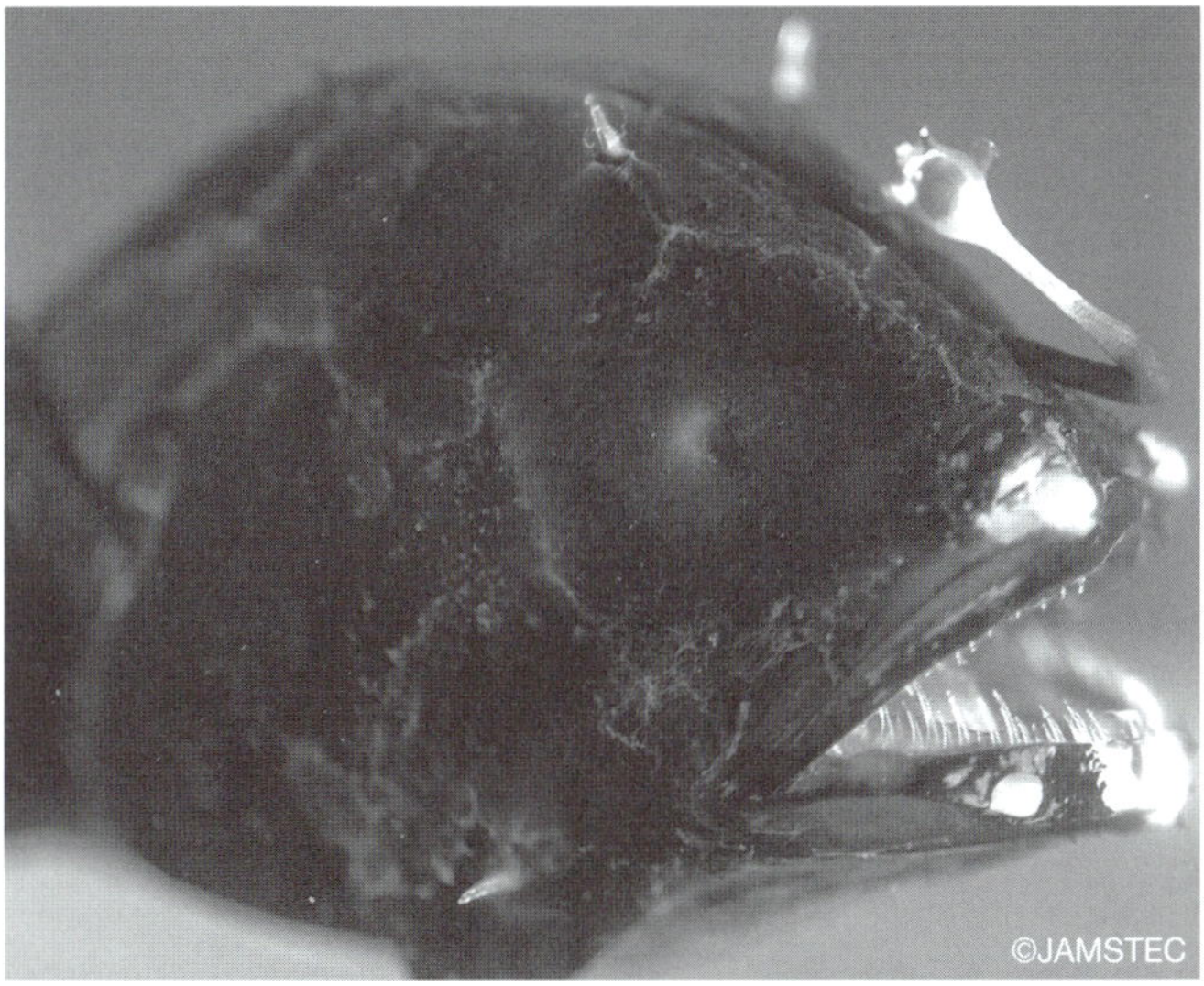

水をつかむ深海生物

1つ目は、体から突起物をたくさん出してうまく水をつかむという方法です。陸上でいえば、タンポポの種が綿毛で空気の流れに乗って飛ぶのと似たような方法であるといえます。なかには、ヒレや体の突起部分を長くして、沈むまでの時間を遅らせようとしている生物もいます。さらに、長くなった突起部分がセンサーの役割を持ち、より広範囲で餌をサーチできるようになったジョルダンヒレナガチョウチンアンコウのような生物もいます。

もう1つは、体の密度を海水の密度に

●長い突起が周りの海水をつかむ

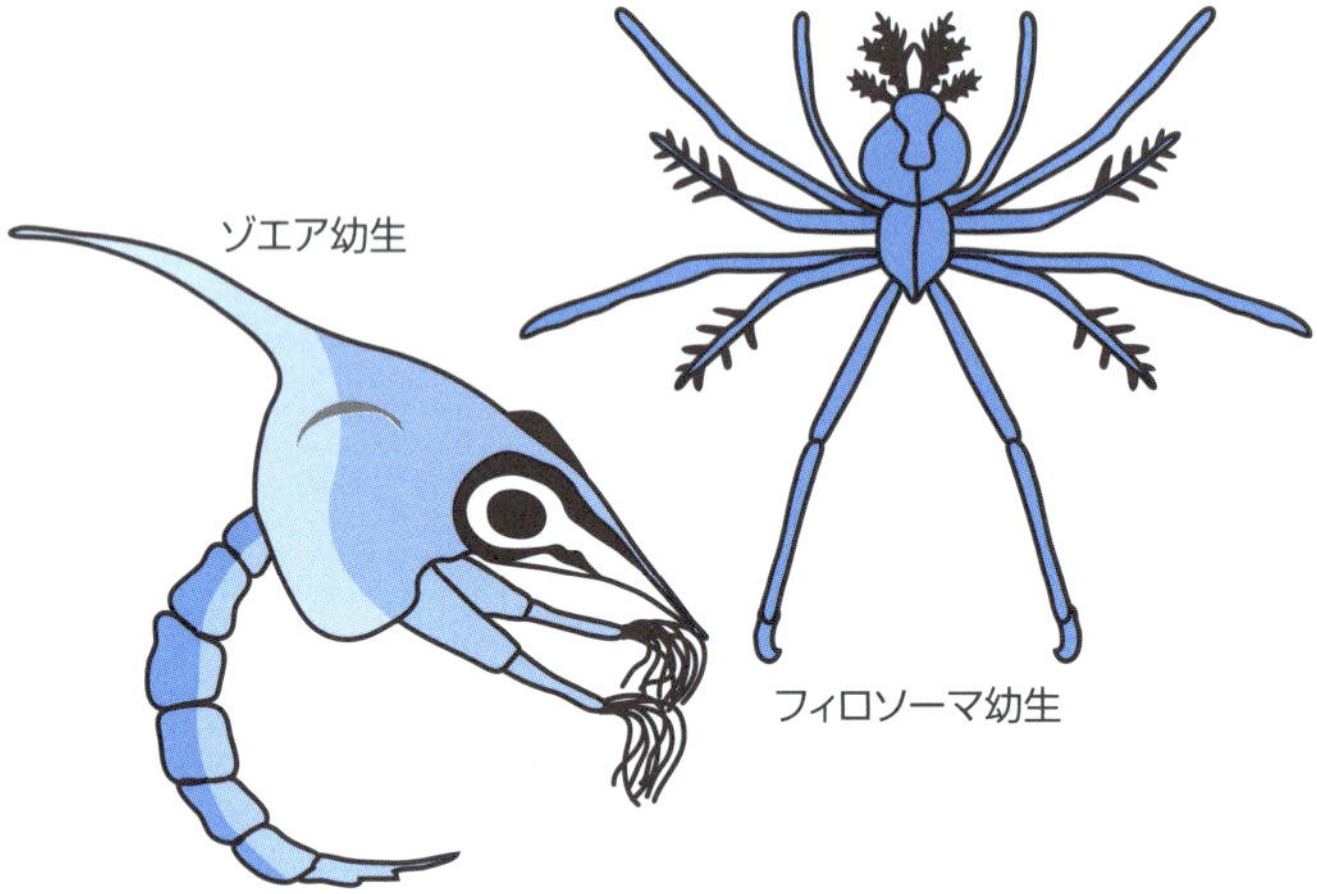

近づけて、浮きも沈みもしない中性浮力を使う方法です。中・深層性魚類のヨコエソ類は、骨格を軽量化して、筋肉も水分を多くして貧弱にする代わりに、浮きやすい脂質を蓄え、浮力を得ています。サメハダホオズキイカなどのホオズキイカの仲間は、水よりも軽いアンモニウムイオンを体内に多量にため込むことで浮力を得ていて、クラゲ類は重い物質を排出して、より軽い物質を取り込むことで、体液の濃度を変えずに浮力を得て遊泳しています。

食事は勝負！　好き嫌い厳禁

まったく動かなくてもいつかはお腹が

●ジョルダンヒレナガチョウチンアンコウとメダマホオズキイカの仲間

ジョルダンヒレナガチョウチンアンコウ

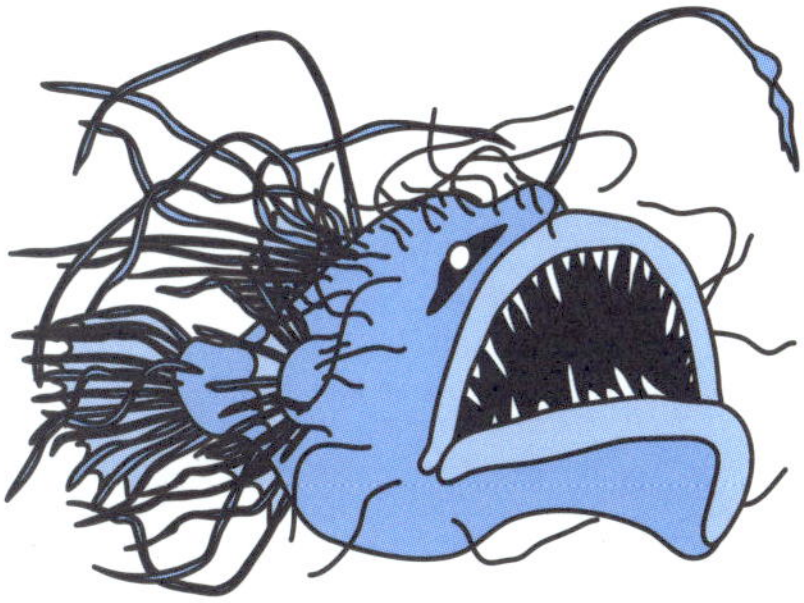

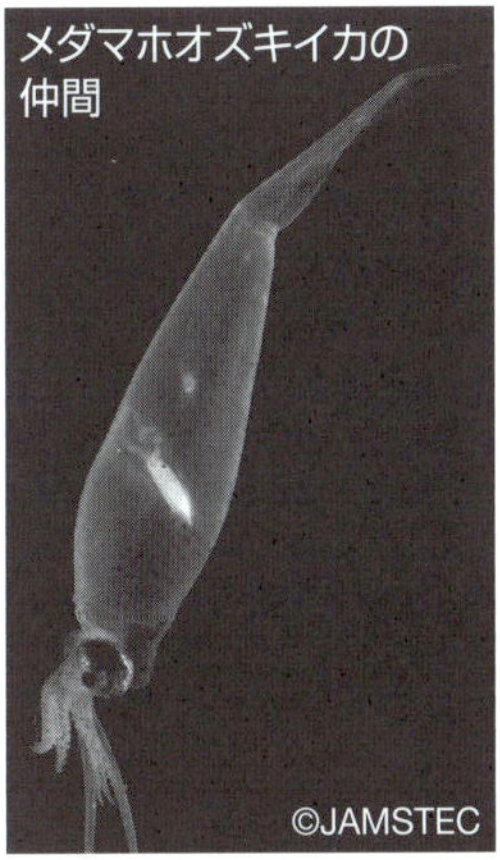

減るように、省エネに励む深海生物もいつかはエネルギーを使い果たしてしまいます。そのようなとき、どのようにして餌をとっているのでしょうか？

深海は、ごく一部を除き常に餌が少ない状態です。一度餌を逃がしてしまうと、次に餌を見つけるのは当分先になる可能性が高いうえ、早く見つけないとほかの生物との奪い合いになってしまい、余計なエネルギーを消費することにもなりかねません。そのため、目の前に来た餌は何が何でも食べないといけないのです。

ホウライエソやフクロウナギ、オニキンメやチョウチンアンコウの仲間などは、大きく開いた口で、餌を捕まえる確率

●ホウライエソ

©JAMSTEC

を高めています。ミツマタヤリウオやフウセンウナギ、クロボウズギスなどは、大きな口に加えて伸縮自在な胃袋を持ち、自分よりも大きな生物でも消化することができます。

また、せっかく捕獲したものはしっかりと消化して、栄養分をできるだけ吸収する必要があります。深海生物たちは消化効率を上げるために、できるだけ消化器官を長くして、養分を吸収する時間を長くしたり、吸収する場所を拡げたりしています。口に入れられる大きさなら何が何でもエネルギーにする、その食べ物への執着心は、陸上で生きている私たちとは比べものにならないかもしれませんね。

なるべく呼吸しない深海生物

呼吸とは、炭水化物を水と二酸化炭素に分解する働きを指し、生物はそのときに生まれるエネルギーで活動しています。この呼吸が激しくなると、それだけエネルギーを使っていることになります。水中の生物においては、生息する水深が深いほど、呼吸速度が遅くなることがわかっているので、深海生物はあまり呼吸していないということになります。呼吸速度の低下は、低水温、高圧力という環境の影響や、生物自身の運動の少なさに由来していると考えられています。

体は柔軟に

深海の生物には、体が柔らかく、ぶよぶよしているものが多くいます。それは先にも述べたように、水に浮きやすい水分を多く含んだ筋肉を持っているというのが1つ目の理由です。しかし、実は深海生物は細胞のつくり自体が違うのです。

生物の基本単位である細胞は、細胞膜で囲まれています。細胞膜は、リン脂質の膜の中にタンパク質が浮いている流動モザイクモデルという形態を持っています。リン脂質の海面にタンパク質の氷河

●細胞膜の流動モザイクモデル

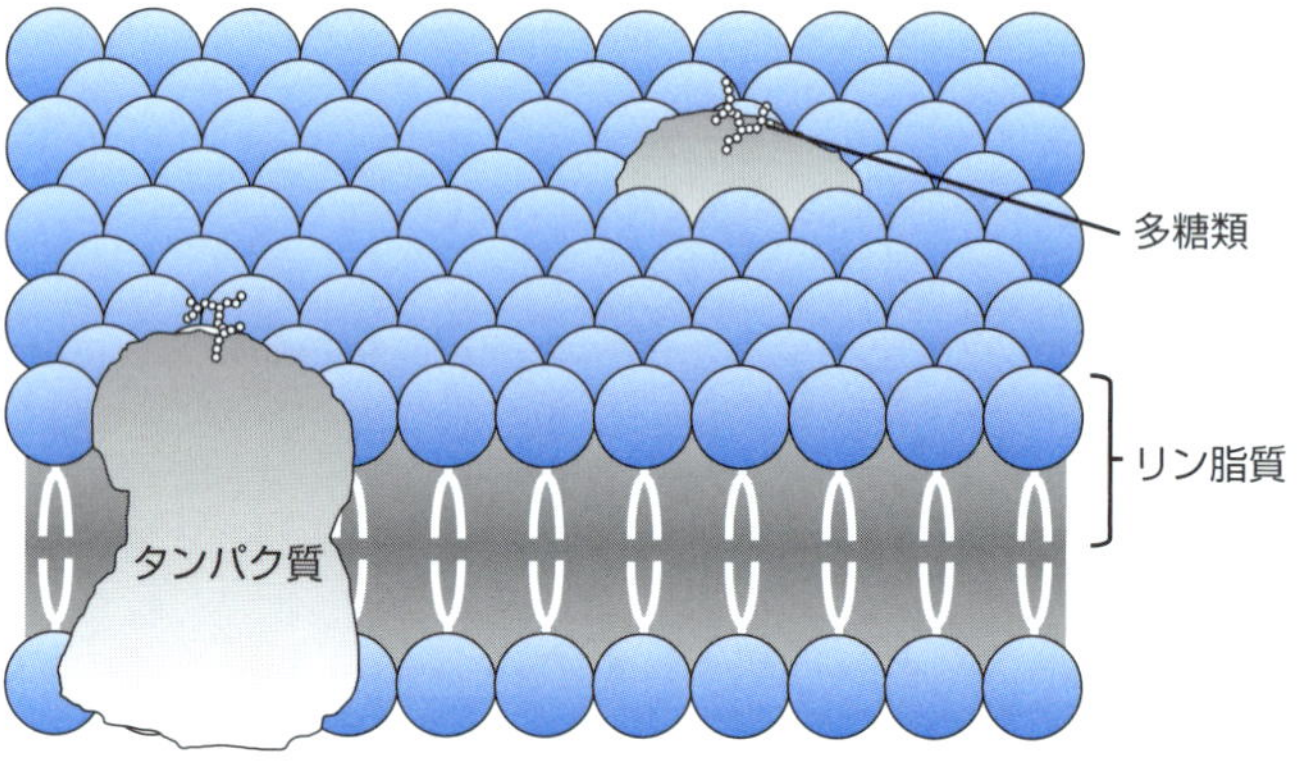

が浮いているような感じです。このリン脂質は、その名のとおり脂肪です。脂肪は、低温では通常固まってしまいます。室温で軟らかくなったバターが、冷蔵庫に入れると固まるのと同じ現象です。

深海は、低温かつ高圧という環境なので、細胞膜にあるリン脂質が硬くなり、タンパク質は自由に流動できず、細胞膜の働きも低下して機能しなくなる恐れがあります。深海生物たちはこれを防ぐために、脂肪部分を不飽和脂肪酸に変化させています。冷蔵庫から出したバターは硬いですが、マーガリンは軟らかいのと同じです。つまり、深海生物たちは、自分の脂肪をバターからマーガリンに変えているということなのです。

外敵のいないところへ

何度も述べているように、深海には餌が少ないため、2匹の生物が出合えばすぐに食うか食われるかの状況に陥ってしまいます。食べられるサイズのものがいたらすぐに食べられるのが当たり前の世界なので、外敵から身を守ることが非常に大切です。しかし、貝殻などのような防具をつくることも難しい世界でどのようにして身を守るのでしょうか？

コウモリダコは、外敵から襲われるリスクを減らすために、外敵がいない酸素極小層にわざわざ入り込み、捕食されるのを防いでいます。コウモリダコは8本の触腕と2本の細長い触糸を持ち、イカとタコの共通祖先といわれています。動きが緩慢で体も柔らかく、餌となるマリンスノーを2本の触糸で絡め取って食べている、か弱い生物です。酸素極小層は密度躍層ともほぼ重なっているので、マリンスノーも集積しています。コウモリダコは、餌が多く、外敵はほとんどいない、安住の地を見つけた生物なのです。

●コウモリダコ

Chapter.3
ダイオウイカは無限に巨大化し続けるのか？

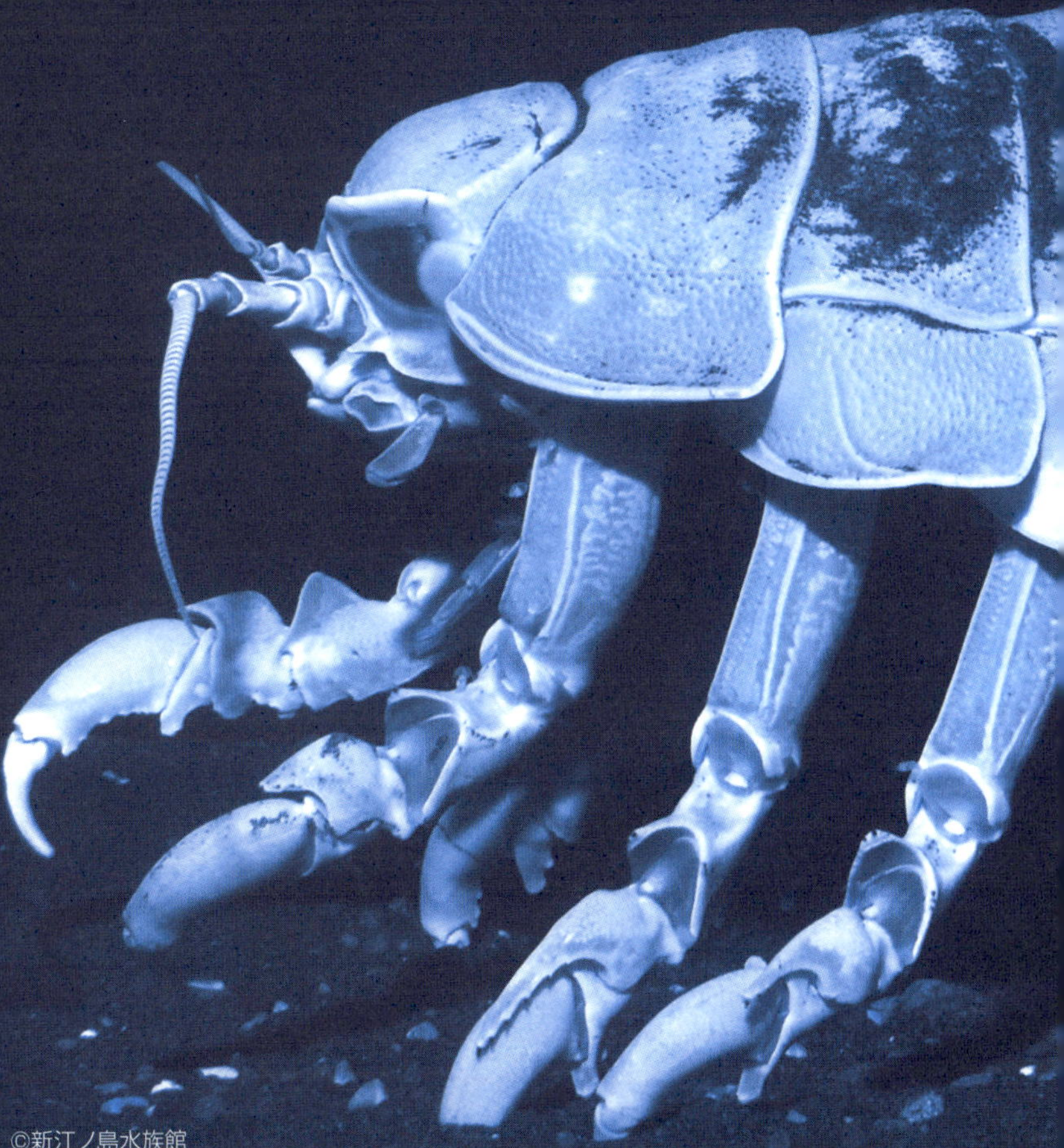

©新江ノ島水族館

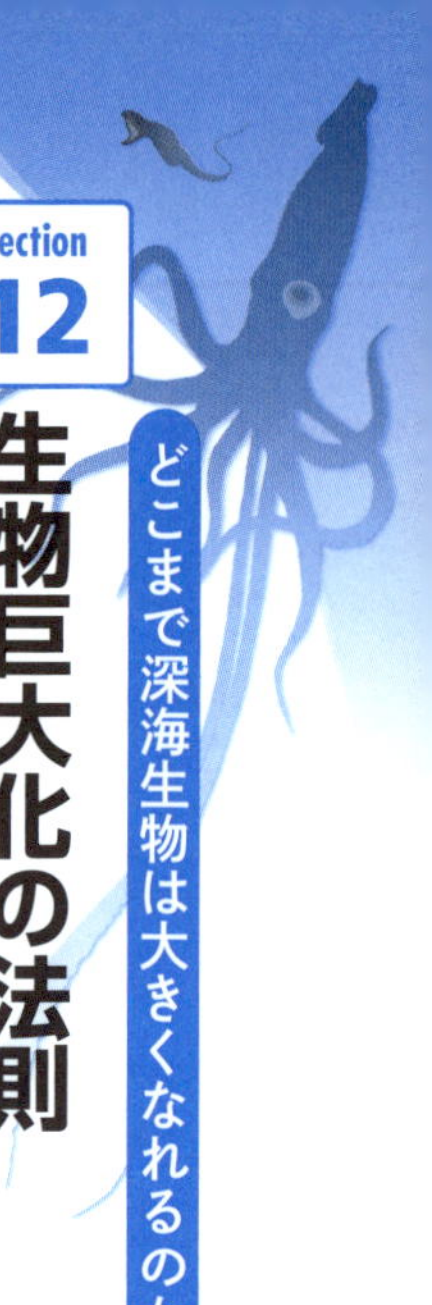

Section 12

生物巨大化の法則

どこまで深海生物は大きくなれるのか？

アレンの法則

　ここからはいよいよ、深海生物の巨大化に迫っていきます。まずは、深海生物を含む生物全般における大型化の要因を知っておく必要があります。ここでその代表的なものを挙げておきましょう。最もよく知られているのは、高校の生物の教科書にも出てくる「アレンの法則（Allen's rule）」と「ベルクマンの法則（Bergman's rule）」です。

　アレンの法則とは、恒温動物※における同じ種※（同一種）あるいは近い種（近縁種）で、寒い地域に生息する生物ほど、体から突出している部分（耳や鼻など）が小さくなるという法則です。恒温動物にとって、体温の低下は死活問題となります。寒い地域では、熱を奪われないように、冷たい外気に触れる体の表面積をできるだけ減らす必要があるのです。この法則が顕著に現れているのが、ウサギやキツネです。暖かい地域に生息

恒温動物…鳥類とほ乳類のように、外界の温度にかかわらず、常に一定の体温を保つ動物。一方で、無脊椎動物や魚類、両生類、は虫類は変温動物で、外界の温度が体温になってしまう。

するノウサギや、キツネの一種であるフェネックは耳が大きく、寒い地域に生息するナキウサギやホッキョクギツネは耳が小さくなっているのです。

ベルクマンの法則

アレンの法則と同じように、周囲の温度と体の大きさとの関係性を示したもう1つの法則が、ベルクマンの法則です。ベルクマンの法則とは、北半球の恒温動物における同一種あるいは近縁種で、寒い地域に生息する生物ほど、体が大きくなるという法則です。対象を北半球に限っている点と、体が大きくなるという点でアレンの法則とは異なります。

ベルクマンの法則がなぜ起こるかについて、理論的にまとめておきましょう。

生物を球に置き換えて考えます。球の半径をr、円周率をπ、体積をV、表面積をSとすると、球の表面積は$S=4\pi r^2$で表され、体積は$V=4/3 \cdot \pi r^3$で表されます。ここで単位体積当たりの表面積(=比表面積=S/V)を計算すると$S/V=3/r$となります。すなわち、半径が2倍になると比表面積は半分になり、10倍になると10分の1になります。このことから、体の半径が大きい、すなわち体が大きいほど、体の大きさに対する

種…生物分類上の基本単位。雄と雌の有性生殖の場合、交雑してできた次の世代が、さらに次の世代を残せるものが種になる。例えば、ライオンとヒョウの雑種のレオポンは子どもを残せないので、ライオンとヒョウは別種になる。種を区別するのは非常に難しく、生物学の永遠のテーマとされる。

表面積の割合が小さくなることが証明できます。結果として、体が大きくなるほど外気に触れる部分の割合が減り、熱を奪われにくくなるので、寒い地域に生息する動物は徐々に大型化してきたというわけです。大きなおにぎりと小さなおにぎりで考えると、小さなおにぎりはすぐに冷たくなってしまいますが、同じ時間でも大きなおにぎりは温かいままであるのと同じ現象です。この説が世に出された当初は「恒温動物」という条件つきでしたが、近年では、海の生物の大半を占めている「変温動物」にも適用できるとされてきています。

この法則の例としては、クマが有名で

●**アレンの法則とベルクマンの法則**

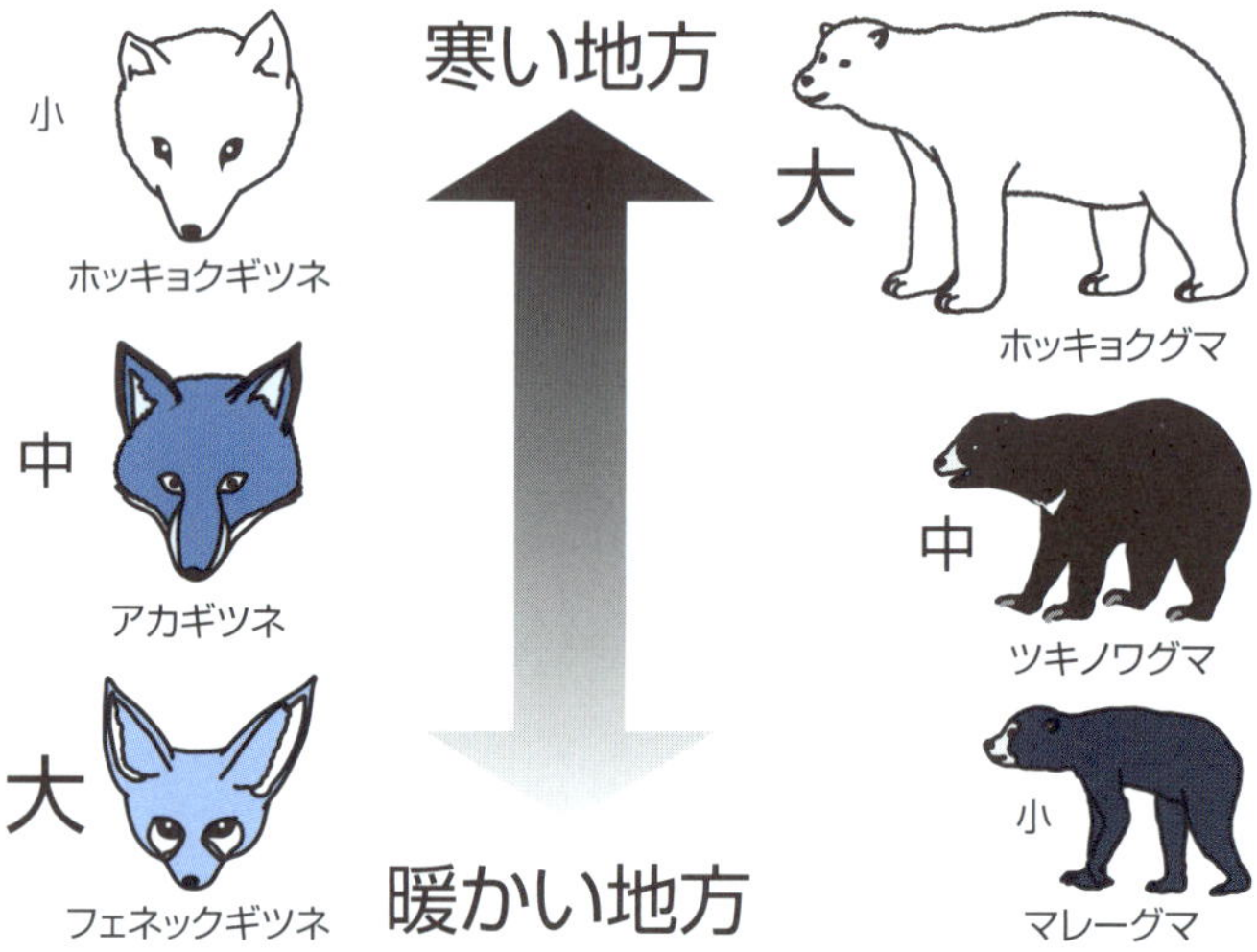

す。熱帯のマレーグマと比較すると、北のほうに棲むヒグマやホッキョクグマは、体長は2~3倍、体重は8~10倍と、かなり大きくなっています。

島の法則

もう1つ、巨大化の要因として「島の法則(Island rule)」も挙げられます。島の法則とは、小型のものは大型化する傾向があり、大型のものは小型化する傾向があるという法則で、主に陸上生物に当てはまります。これは、餌資源が限られている島では、餌の量が少なくてすむように大型生物は小型化し、逆に小型の生物は、生存競争に勝ち抜いたり、ほかの生物からの捕食を避けたりするために大型化するというものです。

深海は、島と同じように餌資源が限られています。そのためにこの島の法則が働き、通常は小型の生物が大型化し、逆に大型の生物が小型化するという現象が起こっているのです。

Section 13

体の構造と巨大化

巨大化への道は「呼吸」から

「極域での巨大化」と「深海での巨大化」

アレンの法則とベルクマンの法則では、陸上生物において「近縁種で大きさが違う」といってもせいぜい3倍程度でした。おそらくこれは、重力に逆らって体を支えなければならないという制約があるためだと思われます。しかし、重力から解き放たれる海洋においては、深海に棲むダイオウイカは、ほかのイカと比べて桁外れに大きな体をしています。

代表的な巨大生物を挙げてみます。甲殻類では、十脚目※のタカアシガニ、等脚目※のダイオウグソクムシ、端脚目※のアリケラ・ギガンテア（*Alicella gigantea*）、ウミグモ類では、ベニオオウミグモやナスタオオウミグモ、コロセンデイス・メガロニクス（*Colossendeis megalonyx*）、軟体動物では、頭足類※のダイオウイカやダイオウホ

十脚目…甲殻類のうちエビ、カニ、ヤドカリの仲間。
等脚目…ダンゴムシやワラジムシの仲間。
端脚目…甲殻類のうちヨコエビやワレカラ、クラゲノミなどの仲間。

オズキイカなどです。

これらの巨大な生物は極域※や深海で見つかっており、こうした現象は「極域での巨大化(Polar Gigantism)」、または「深海での巨大化(Deep-sea Gigantism)」と呼れています。

極域での巨大化は、高緯度地域の海洋生物が、熱帯や温帯の近縁種と比較して極端に大きな体を持つことを根拠に提唱されてきました。巨大化が起こる要因としては、餌環境、他生物との競争、水温や溶存酸素量などが影響する発生や成長、代謝などが挙げられています。個々の要因はこの後すぐに解説します。

一方、深海での巨大化については、近縁

●さまざまな巨大生物

頭足類…イカ、タコなどの仲間。
極域…北極、南極といった極地に、その周辺域も含めた地域。

種の体の大きさが水深とともに大きくなるという調査結果を根拠に提唱されてきました。この要因としては、深海の特殊な環境である高水圧や水温、餌環境、代謝や長寿命、細胞の大きさや細胞数の増加などが関係し、これら複数の要因が互いに関連し合い、深海生物の巨大化を引き起こすと考えられていますが、いまだ決定的な説明はなされていません。

体の構造と巨大化の関係

アレンの法則、ベルクマンの法則、島の法則などの深海生物の巨大化に関わる要因として、体の構造、成長、栄養、代謝、遺伝子、寿命、競争、餌量、水温などがあります。これらは単独ではなくそれぞれが関連し合った結果、巨大化することになります。これらの要因から、深海生物の巨大化の仕組みを探っていきます。

まずは巨大化の要因の1つである体の構造について見ていきましょう。単細胞の生物や多細胞であってもクラゲやカイメンといった体の構造が単純な生物は、栄養や酸素の運搬、二酸化炭素の排出を、体表面を通じた拡散により行っています。この拡散による方法では、体が大きくなると体の隅々まで酸素や栄養分を行き渡らせることが難しくなります。生物は進化するに従い、呼吸器系や循環器系が発達し、徐々に体が大きくなります。エラがないクラゲ類と、エラ呼吸ができる魚類とでは、例外はあるものの平均的に魚類のほうが大きくなります。

発達した呼吸器系や循環器系があれば、酸素や栄養分を体内に効率よく運搬でき、二酸化炭素や老廃物を排出することができるため、より多くの酸素や栄養を必要とする大型化にも対応できるようになったと考えられているのです。

豊富な酸素でクラゲも巨大化

ここまでの話だと、単純な体の構造を

●**体の構造**

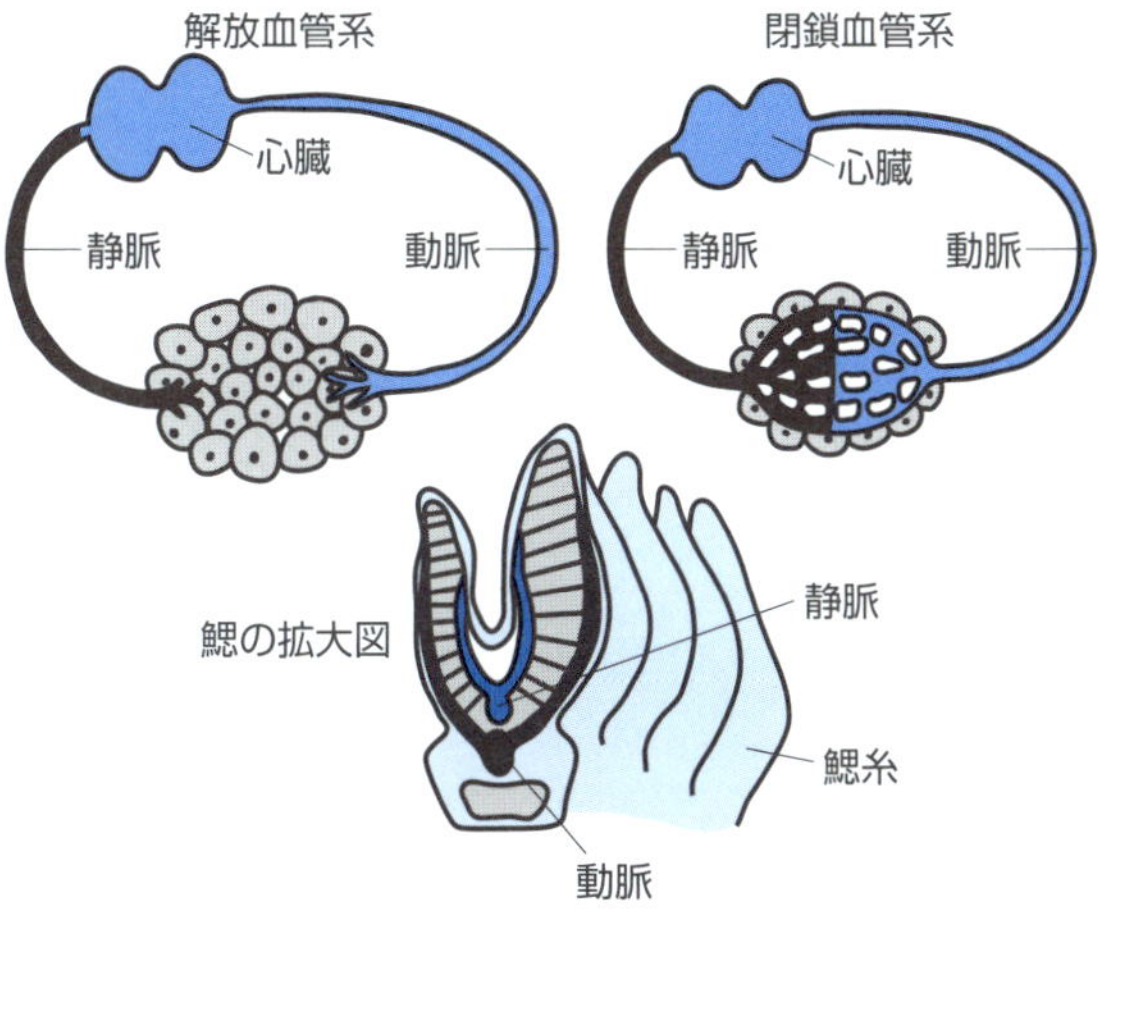

しているクラゲは巨大化しないと思われてしまいそうですが、北の海では1メートルを超すキタユウレイクラゲが見られたりもします。実は、深海や極域では、呼吸器系や循環器系が発達していない生物も、巨大化する傾向があるのです。これには溶存酸素量が大きく関係していると考えられています。

極域の海水は低温で溶存酸素濃度が高いうえに、低温であるために生物の代謝が低く、酸素をあまり消費しないので、手つかずの酸素が豊富にあります。このため、循環器系や呼吸器系が発達していない生物でも、体中に酸素を十分に行き渡らせることができ、大型化が可能になったと考えられています。

わずかな餌でも成長できる理由

クラゲなど体の水分が多い生物は、ほんのわずかの餌さえあれば、体を構成するのに十分なタンパク質などを合成することができるため、簡単に体を大きくすることができます。また、体を大きくすることで、餌と遭遇する機会が多くなり、さらなる大型化も可能になります。成長が早いのですぐに大きくなり、外敵に捕食される確率が低くなります。さらには、大型化することにより、体内に栄養分を蓄えることができ、飢えに対する耐性が高まるとも考えられています。一度大型化すれば生存競争に勝ち、さらに大型化するという好循環が生まれるのです。しかし、大きくなりすぎると、動きが悪くなったり、体を維持できなくなったりという弊害が起こってくることになり、巨大化の循環は、自然界で生きることのできるサイズで止まります。

Section 14

深海の人気者、ダイオウイカの秘密

ダイオウイカの巨大化を進めた要因

巨大深海生物の代表、ダイオウイカとダイオウホオズキイカ

ダイオウイカは、いわずと知れた世界最大級の無脊椎動物です。世界最大「級」としたのは、同じように大きな生きものがほかにもいるためです。ダイオウホオズキイカという巨大なイカで、最大体長はダイオウイカと同程度の18メートルにもなります。これらの2つの巨大イカは、船を海底に引きずり込んでしまう伝説の海の怪物、「クラーケン」のモデルともいわれています。また、ダイオウイカは、フランスのSF作家、ジュール・ヴェルヌの名作『海底二万里《マイル》』に登場したり、マッコウクジラの胃の中からはダイオウイカが出てきたりするなど、マッコウクジラとダイオウイカは〝永遠のライバル〟として知られています。しかし、その生態はほとんどわかっていないのが実情です。

ダイオウイカは、これまで複数の海域で打ち上げられているのが発見され、それぞれが別の種として論文に報告されてきました。しかし、打ち上げられた個体からそれぞれの遺伝子を調べてみると、ほとんど差異がなく、世界中で発見されたダイオウイカは、たった1種の*Architeuthis dux*であることが、2013年に、ウィンケルマンWinkelmannらによって示唆されました。また、生きている映像が潜水船によって撮影されたこともあり、2013年はまさにダイオウイカ研究開花元年でした。テレビに映ったダイオウイカの目は約27センチメートルにもなり、生物界最大級の大きさですが、そのような大きな目でカメラをじっと見るダイオウイカは、画面を通しても畏怖《いふ》を感じるほどでした。

このように研究者の熱意が、謎に包まれたダイオウイカのベールを少しずつ剥《は》いできてはいますが、まだまだ残された謎は山ほどあります。なぜあんなに大きなイカがいるのか、という疑問に答える「ダイオウイカの巨大化」の理由も、いまだに謎のままです。これから、これまで説明した巨大化に関する要因を考慮しながら、深海巨大生物の代表、ダイオウイカの巨大化について考えてみたいと思います。

ダイオウイカは表層から降りてきた？

ダイオウイカが棲む中・深層は、身を隠すものがまったくない世界です。わずかに届く光を浴びながら、ダイオウイカが雄大に泳ぐ姿を見た研究者は、メタリックなその体の輝きに魅せられながら、その色の理由を次のように考えていました。メタリックな色をしているのは、イカが水平に泳ぐときに下を向く側になります。一方で、イカが水平に泳ぐと上側になる方は赤黒くなっています。これは水深の浅いところにいるイカや魚も同じで、腹側は白く輝いています。下から見上げると、降り注ぐ光の中に溶け込んで見えなくなるという、外敵から身を守るためのカモフラージュを、ダイオウイカも行っているのです。このことから、研究者たちは「ダイオウイカは表層から深海へと適応してきているのではないか？」と考えています。

それではなぜ、深海に棲むようになったのでしょうか？　おそらくは、競争する生物が深海には少ないのが大きな理由でしょう。また、逃げも隠れもできない世界で生き抜くために、外敵に捕獲されにくく、餌を捕獲しやすい大きな体になったのだろうと考えられています。

ダイオウイカの巨大な目

ダイオウイカの目は約27センチメートルですが、これはサッカーボールよりも大きいサイズです。私たち人間の目は直径約24ミリメートルですから、ダイオウイカの目は私たちの10倍以上にもなります。体積にするとその3乗になるので、ダイオウイカの目は、私たちの目の1000倍以上の体積を持っていることになります。ちなみに、ダイオウイカの天敵といわれるマッコウクジラの目は55ミリメートル程度です。宿敵の約5倍もの大きさの目を持つダイオウイカに、深海はどのように映っているのでしょうか。

ダイオウイカの目は、私たちと同じように網膜に像を映してものを見ます。光の感度が高いうえ、目が大きいので網膜も大きく、その結果網膜に結ぶ映像も大きく拡大されて見えます。また、視野も広くなり、周りの外敵や餌などを見つけるのに役立ちます。このように、大きな目はいいこと尽くしなのです。

深海はほとんど光のない世界ですが、そこに棲むほぼ9割の生物は発光するといわれており、深海生物の主食であるマリンスノーも発光します。マリンスノーは主に生物の死骸や糞で構成されており、そこにはバクテリアが集まっています。バクテリアはマリンスノーを分解して増殖します。バクテリアは何かがぶつかったり、水流で撹拌されたりするときに発光します。このような生物による発光を「生物発光」といいます。この生物発光に関してはChapter6で詳しくお話ししますが、生物発光は、何かにぶつかったり、襲われたりしたときなど、何かの刺激を受けてフラッシュ的に発光するものがほとんどです。ダイオウイカは、こうした光を頼りに餌を探しているのです。

大きな目は、天敵であるマッコウクジラをいち早く見つけるのにも役立ちます。エラを持たないマッコウクジラは海中に潜っていられる時間が限られているため、海面で可能な限り大きく息を吸い、一気にダイオウイカの棲む深海域にまで突き進んできます。体が大きいうえに遊泳スピードも速いので、マッコウクジラの泳いだ軌跡では、刺激を受けたさまざまな微小生物が発光します。巨大な目を持つダイオウイカは、マッコウクジラの接近をこの光でいち早く発見できるため、マッコウクジラに気づかれるよりも速く逃げることができるのです。

3つの心臓を持つダイオウイカ

いくら敵を早く見つけられるといっても、逃げ足が遅くては意味がありません。ダイオウイカはずば抜けた瞬発力を持っているわけではありませんが、大きな体でも息切れしないようにする、ある仕組みを持っています。

実は、ダイオウイカには心臓が3つもあるのです。ダイオウイカだけではなく、通常のイカも同様です。3つのうち1つは本当の心臓で、残りの2つは「鰓《えら》心臓」といわれるものです。鰓心臓とはエラに血液を強制的に送る心臓で、効率よく酸素を取り込めるようにしています。このように心機能が高いことで、大きい体でも全身にくまなく酸素や栄養分を送ることができます。ダイオウイカやダイオウホウズキイカのほか、ニュウドウイカ、アメリカオオアカイカなど、イカに大型のものが多いのも、体内での酸素輸送に長《た》けていることが関係しているのかもしれません。

ダイオウイカの臭いは省エネの代償

Chapter2で述べたように、深海では省エネが重要です。ほかの深海生物たちと同様、ダイオウイカも省エネのために、餌が近くに来るのを待ち伏せていると考えられています。しかし、ダイオウイカのような大きな体を持つものが、つかまるところのない中・深層で常に浮いているのは至難の業です。それでは、ダイオウイカはどのようにして省エネを図っているのでしょうか？

ダイオウイカなどの深海のイカ類は、細胞の水分を多くして、体の密度を周りの海水とできるだけ同じにして、さらには分子量の比較的軽い塩化アンモニウムを体内にためることで浮力を得ています。このため、ダイオウイカの肉にはアンモニア臭があり、食用には向きません。食

●イカの解剖図

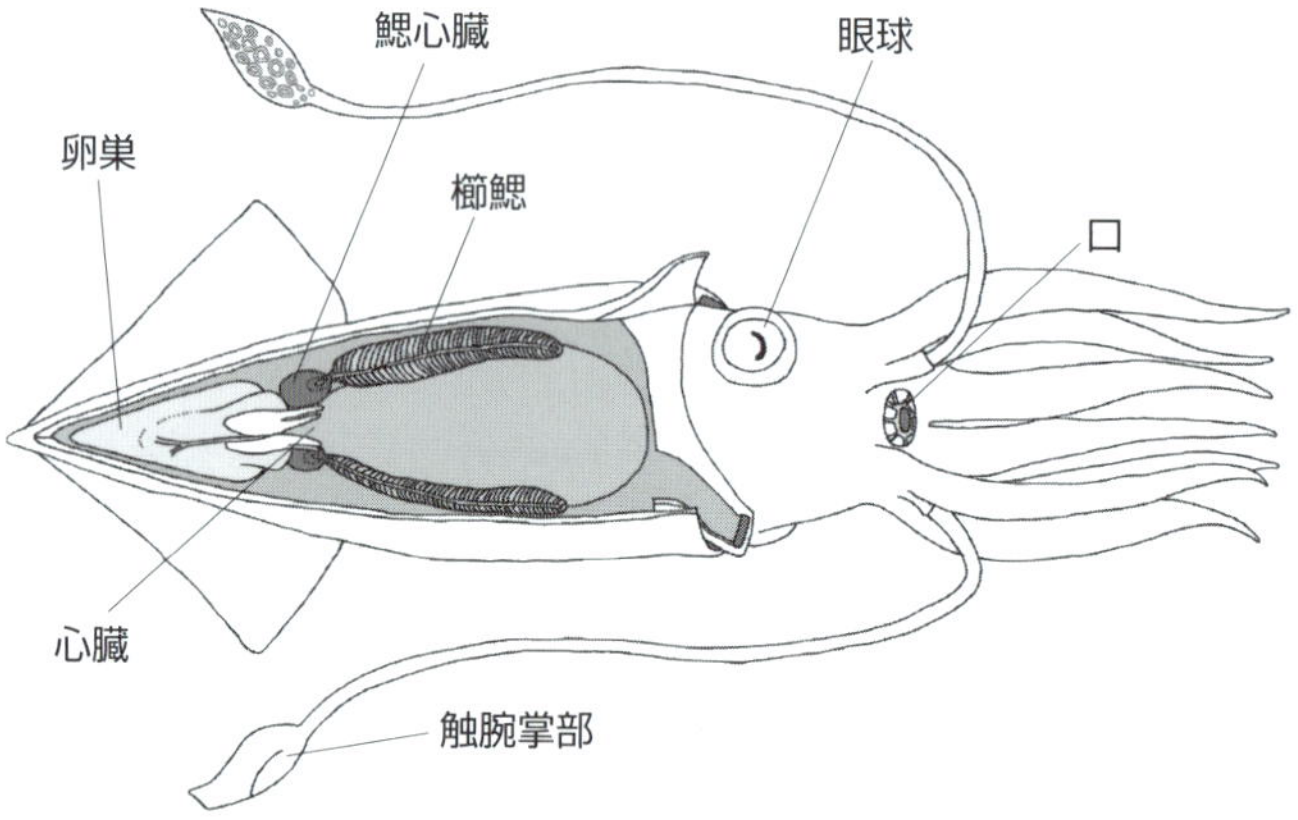

べてみた人は口をそろえて「臭い、水っぽい」と言います。ダイオウイカは、餌を捕獲したり外敵から逃げたりするときには、すばやく、力強く動きますが、何もないときにはこの塩化アンモニウムの浮力で、大きい体を漂わせて、エネルギーの無駄遣いを抑えているのです。また、せっかく餌を捕食できても、その栄養を無駄に使ってしまうと、元も子もありません。しかし、深海は低温なため、代謝が低く、食べた餌から蓄えた栄養分を浪費せずに生きることができるのでしょう。

以上のように、ダイオウイカは深海という環境にうまく適応することで、巨大化していったものと思われます。

Section 15

深海の生物と浅海の生物

食物連鎖の頂点に立つのはどの生物か？

深海性クラゲと浅海性クラゲ

　このセクションでは、形が同じ浅い海の生物と深海生物とでは、どこに違いがあるかを見てみたいと思います。

　クラゲの形態は、浅海性クラゲも深海性クラゲもほとんど違いはありません。違いとなると、深海にはクラゲの中でも脆弱な体を持つクラゲ類が多くなる傾向があります。クラゲには刺胞を持つ刺胞動物門《しほうどうぶつもん》と、それを持たない有櫛動物門《ゆうしつどうぶつもん》がいますが、これらの中でも有櫛動物門のクシクラゲの仲間や刺胞動物門のクダクラゲの仲間が、深海にはよく見られます。クシクラゲの仲間は、刺胞動物の仲間よりもかなり軟らかいゼリー質で、壊れやすい体を持っており、採集してホルマリンなどの薬品で固定して標本をつくろうとしても形が残らないくらいです。そのため、波や構造物の多い浅い海では傷つくことも多くなりますが、深海の中・深層にはそのような障害がありませんので、クシクラゲ類も棲みやすくなります。

また、大きさも浅い海に棲むカブトクラゲの仲間のキヨヒメクラゲ*Kiyohimea aurita*は、大きくても10センチメートル程度ですが、深海性の同じ属に属するウサギクラゲ*Kiyohimea usagi*は60センチメートルくらいにまでなります。また、刺胞動物門のヒドロ虫綱に属するクダクラゲ類は、さまざまな役割(浮き、泳ぎ、捕食、生殖など)を持った個体(個虫)が集まって1個体の生物のように動く群体を形成しているため、ヘビのように長い形態をしています。クダクラゲはたくさんの個虫が集まっているため、何かにぶつかってしまうとばらばらになってしまいますが、深海はその心配はあまりありません。そのため、深海性のクダクラゲの仲間のマヨイアイオイクラゲは40メートル以上にもなるものが確認されています。これは潜水船のレーダーにも映るほどで、長さだけで見ると、シロナガスクジラも越えてしまう世界最長の動物かもしれません。

また、もう1つの違いとしては、深海性のクラゲには赤や紫、褐色などの色のついた種類が多くなります。赤色は深海にはない色なので、深海生物に赤は見えません。赤色は暗い青い世界では黒く見えてしまい、保護色になります。また、紫や褐色の色にはポ

●深海性クラゲのいろいろ

ベニマンジュウクラゲ ©JAMSTEC

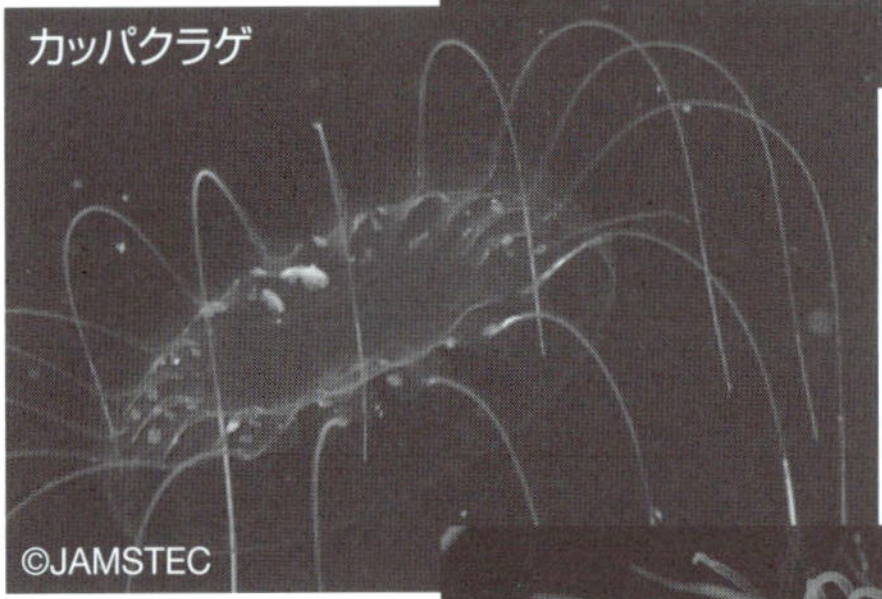

カッパクラゲ ©JAMSTEC

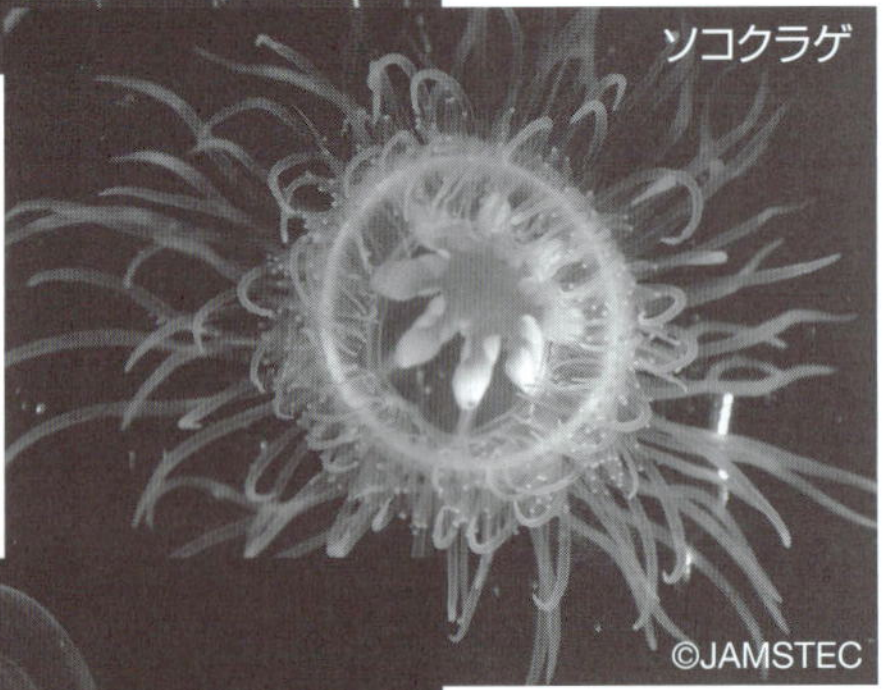

ソコクラゲ ©JAMSTEC

スグリクラゲの仲間 ©JAMSTEC

ルフィリンという色素物質が含まれていて、ポルフィリンは深海に届く青色光を吸収してしまいます。そのため、暗く青い世界では黒くなってしまい、保護色になっています。

なお、このポルフィリンは、紫外線に当たってしまうと毒になってしまうため、これらの深海性クラゲは紫外線の届くような浅いところには棲むことができません。

表層のトッププレデター

トッププレデターとは、食物連鎖の頂点に立つ生物のことです。海ではサメやハクジラの仲間でしょう。表層の外洋ではホホジロザメやシャチがいますが、深海にはハクジラの仲間はいません。マッコウクジラは2000メートルくらいまで潜るということですが、これは表層からの訪問者に過ぎません。表層にも深海にも君臨するトッププレデターはサメの仲間なのです。

表層で頂点に立つのはメジロザメの仲間で、その中でもホホジロザメは体格や狩りの能力に長けていて、表層に適した体を持っています。特筆すべきは、体温を上げる仕組みを持っていることです。これは奇網と呼ばれる毛細血管が発達した熱交換システムがあって、体温を逃さないようになっているのです。そのため、普通は魚類は変温動物で周りの水温と同じ体温になるのですが、このホホジロザメは周りの水温よりも高い体温を保つことができます。高い体温を保てると、冷たい海域へも進入できます。また、運動能力も高まってより速く泳げるようになり、獲物も捕りやすくなります。しかし、体温を保つには、それなりのエネルギーが必要で、餌が豊富にあるところでしか生きることはできません。そのため、ホホジロザメは餌の少ない深海へは行かなかったのだろうと思われます。

また、ネズミザメの仲間であるミツクリザメは深海底に適応していますが、原始的な形態をしており、表層で君臨できずに深海で細々と生きているものと思われます。

深海のトッププレデター

表層でホホジロザメを始めとするメジロザメ類がトップに立った一方で、深海でトップに立ち繁栄したサメは、カグラザメ類やツノザメ類です。カグラザメ類にはラブカやカグラザメがいますが、これらはエラの孔が6～7対あり、原始的な形態を持っています。ツノザメの仲間には、アブラツノザメ、オンデンザメ、ダルマザメ、ユメザメ、フジクジラなどがいます。これらのサメはホホジロザメのようには速く泳ぎません。餌の少ない深海の環境では、速く泳いでエネルギーを消耗するのを抑えなくてはいけないからです。そのため、これらのサメの特徴に、肝臓が異常に大きいということがあります。この肝臓には脂が多く蓄積しています。大きな肝臓に蓄積した脂を栄養源にして、サメは餌の少ない深海で生き延びているわけです。また、サメには浮き袋がないため、脂の浮力が浮き沈みの調節に役立っています。

また、目が大きいのも特徴で、グリーンに光るきれいな大きな目をしています。これはタペータムという光を反射させる部分があり、これによって光を増幅してわずかな光を有効に使っています。このタペータムは、どの方向から光が入っても、それと同じ方向に光を反射できるので、光を当てると目が光って見えます。

これまで見てきたように、深海生物も表層の生物も基本的には同じ形です。しかし、それぞれの環境に合わせて生きていったり、あるいは形態を変えずにそのまま競争のない世界にとどまったりして、適応、進化の歴史の中である部分が特化してきています。私たちはその特化したところを深海生物の中に見ているのです。

●深海ザメ

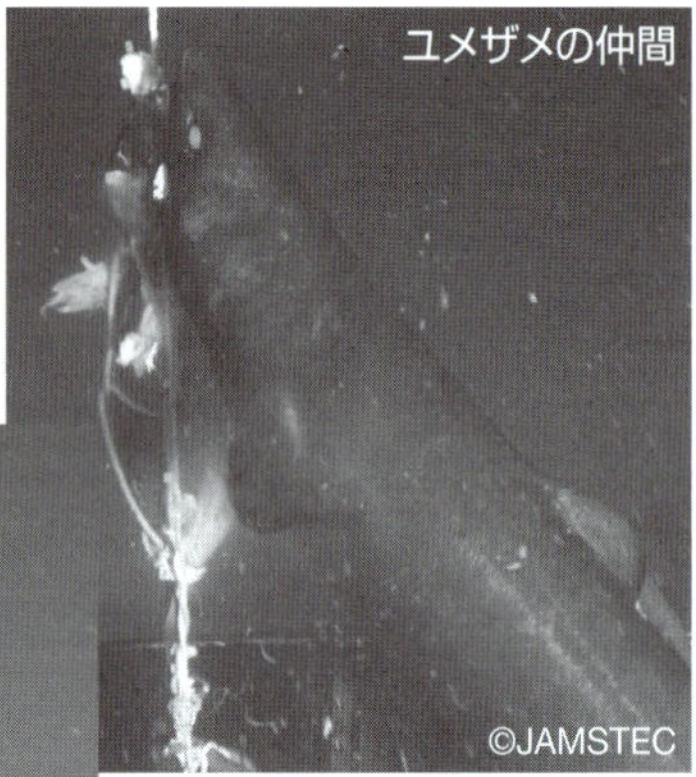
ユメザメの仲間
©JAMSTEC

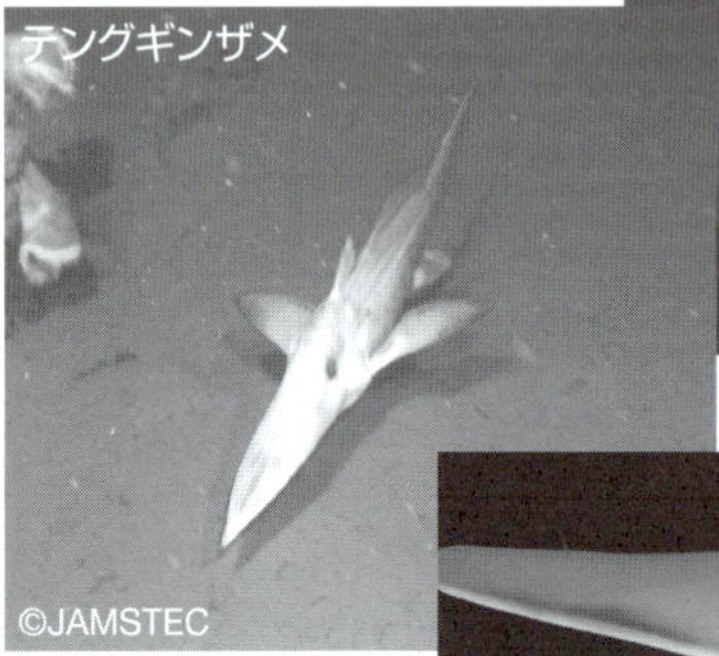
テングギンザメ
©JAMSTEC

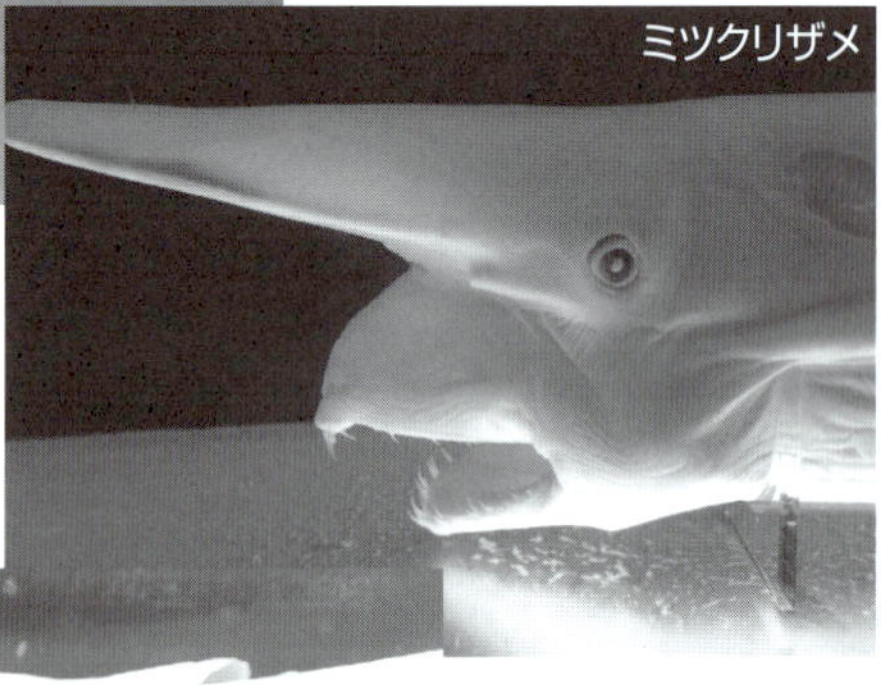
ミツクリザメ

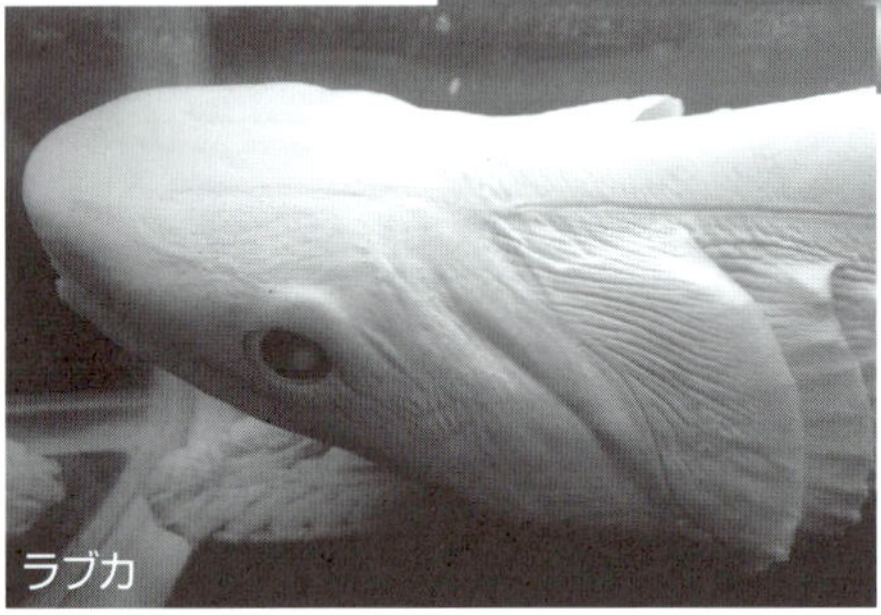
ラブカ

Chapter. 4
深海生物が食べる「マリンスノー」とは?

©新江ノ島水族館

Section 16

深海生物の食物を探る

食物は天の恵み？

どっちが富栄養？　貧栄養？

これまで、深海は餌の少ない世界だと述べてきました。それでは、なぜ餌が少ないのでしょう？　これを考える前に、まずは海全体における栄養の分布を見てみましょう。珊瑚礁《さんごしょう》に色鮮やかな生物が多く集まる青く澄んだ熱帯の海と、緑鉛色で重々しいけれどおいしい魚がたくさん獲れる北の海と、どちらが栄養豊富なのでしょう？

北の海と南の海と外洋域と沿岸域

北のほうの海は、冬には海表面が冷やされます。それにより、表面の海水はその下の海水よりも冷たくなり、冷やされた海水は底のほうに沈んで対流が起こり、底のほうの海水が表面に出てきます。海底にはさまざまな有機物が沈殿していて、それが分解され植物プランクトン※が使える栄養塩(アンモニア、亜硝酸、硝酸やリン酸、ケイ酸などの塩)が蓄積されています。これらの栄養塩が対流によって海表面に輸送されるのです。

春になって日の光が強くなり水温も上がってくると、植物プランクトンがこの栄養塩を利用して爆発的に大増殖します。この現象をプルームといいます。さらに、この植物プランクトンをもとに動物プランクトン※も増え、それを餌に魚類などが増えていき、豊かな海をつくり出しています。

沿岸では山から流れてくる栄養塩も多くあります。山ではたくさんの落ち葉が腐食し、それが雨によって川に浸み出して、海へと流れてくるからです。このように栄養塩が豊富になると、植物プランクトンが増え、海水は緑っぽく見えるようになります。

次に、南の海を見てみます。熱帯では強い日の光が年中降り注ぎ、海表面が常に温められるので、温度の高く軽い水が層になって表面を覆っています。このように上には温かい水、下には冷たい水という層ができると(成層)、栄養塩が豊かな底のほうの水と表面の水が対流によって混ざり合うことが難しく、表層への栄養塩の流入がほとんどなくなります。熱帯林では葉が多く落ちますが、地上に落ちてもすぐにダンゴムシやミミズのような土壌生物などに食べられてしまうため、栄養分を保持している土壌の層が

植物プランクトン…プランクトンとは、潮の流れなどに逆らって泳げずに浮遊する生物のこと。そのうち光合成ができるものが植物プランクトンといわれる。珪藻《けいそう》や藍藻《らんそう》、渦鞭毛藻類《うずべんもうそうるい》などがある。

ほとんどありません。そのうえ、雨が多いのですぐに川から海へと流されてしまい、栄養塩もたまることがない状態です。熱帯の沿岸では、少しずつ栄養塩が追加される程度です。そのため表層では、常に栄養塩が使い切られた状態です。落ちてくることがあっても、わずかな栄養塩が使われて植物プランクトンが増えた場合も、すぐにほかの生物に食べられ、その食べたほうの生物もすぐにほかの生物に食べられてしまいます。その結果、熱帯ではプランクトンが少なく、海が澄んでしまっています。つまり、「北のほうの海」や「沿岸」に比べ、「外洋」と「熱帯」のほうが常に栄養に飢えている貧栄養になっているのです。

深海の食物事情

海全体の栄養分布がわかったところで、深海に餌が少ない理由をもう一度見てみます。深海は外洋に位置します。まずこの時点で、山からの落ち葉などはほとんどない状態です。海の中では、表層で太陽の光を受けた植物プランクトンが生産する栄養分が起源となる食物連鎖が、深海の栄養のほぼすべてを占めています。「ほぼすべて」というのは、深海の熱水噴出域などでは、生物の餌となる有機物が化学合成により生産されてい

動物プランクトン…プランクトンのうち、光合成によって栄養をつくらず、植物プランクトンを捕食するもの。ミジンコやカイアシ類のほか、クラゲが含まれる。マンボウも動物プランクトンとされることもある。

るからです。表層でつくられた有機物は、主に植物プランクトンとして存在していま
す。しかし、それらはすぐにほかの生物によって消費されてしまいます。さらには表層
でつくられた有機物の75~95パーセントが中・深層までで使われてしまい、栄養塩に
なってしまいます。その結果、わずか5~10パーセント程度が2000~3000メー
トルの深海底に届けられることになります。深海に降ってくる有機物は、表層の10分の
1に満たないのです。

深海に降る、大小さまざまなもの

表層から降ってくるものは、小さなものから大きなものまで幅広い種類のものがあ
ります。小さいものでは、プランクトンがそのまま落ちてきたり、その脱皮殻や死骸、
さまざまな生物の糞が落ちてきたりする場合があります。これらは色が白く、雪のよう
にゆっくりと降る様子から、マリンスノーと呼ばれるようになりました。大きなもので
は、魚の死骸やイルカやクジラなどの海獣類の死骸があります。また、流れ藻などの海
藻や海草類、流木が沈んでくる場合もあります。

深海ではお弁当が腐らない!?

深海底に降る餌は、表層と比べると数が少なく、キチン質※のような生物の利用しにくい形態の有機物がたくさんあります。これらは深海底のバクテリアにより生物が吸収できる形態に分解されることで、深海生物の食物となります。

また、深海底は冷たく、高圧な環境であるため、有機物の分解はかなり遅いといわれています。これは1968年、アメリカの潜水船「アルビン」が沈没したときに偶然発見された事実からわかりました。アルビンは乗船者が降りた後に沈没したのですが、乗船者が持ってきていたお弁

●深海に降るもの

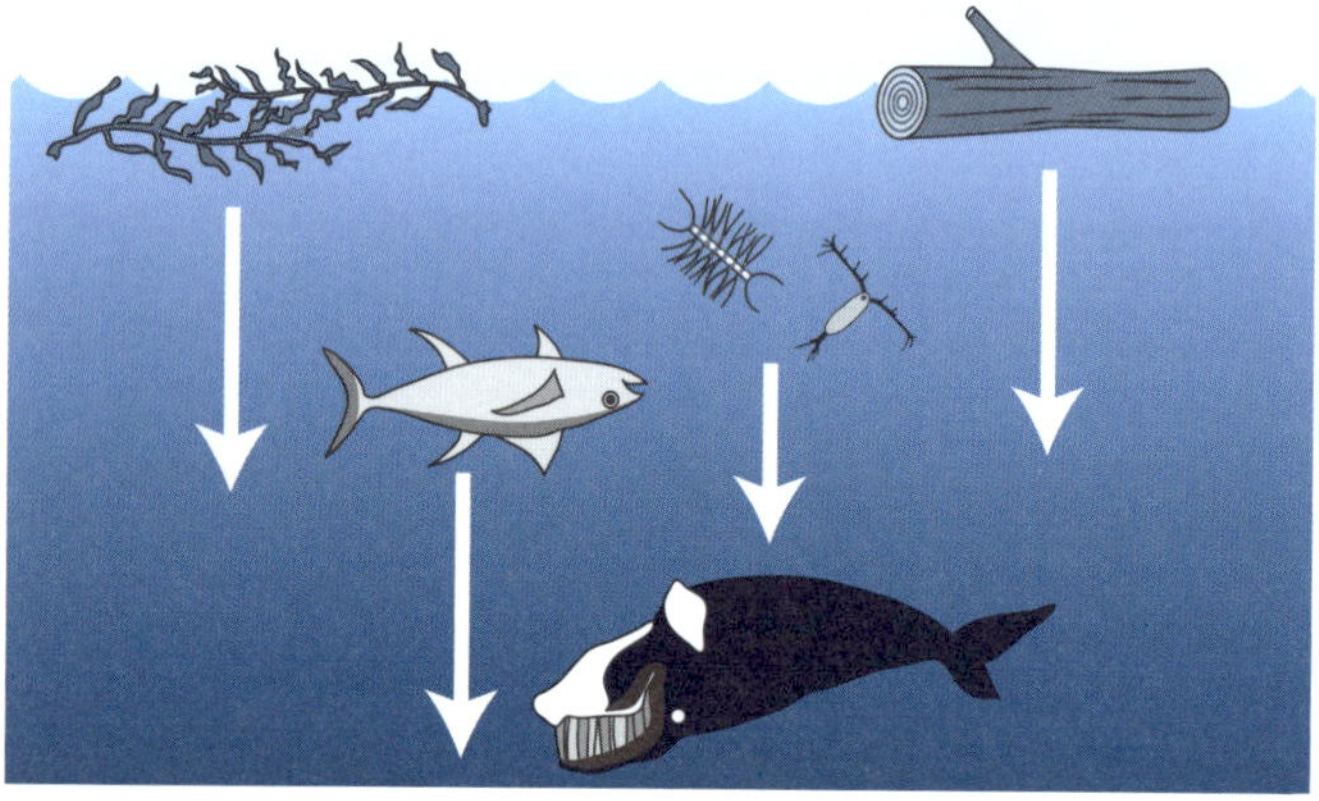

キチン質…エビやカニなどの殻や昆虫類などの体表を覆っている硬くて乾燥を防ぐ働きのあるクチクラ層と呼ばれるものの主成分。N-アセチルグルコサミンやグルコサミンを含む多糖類である。

当のサンドイッチも、一緒に1540メートルの深海まで沈んでしまいました。そして10カ月後にアルビンが引き上げられたとき、船内のお弁当を見ると、何と腐っていなかったそうです。これは低温、高圧という極限の環境によって、食べ物を腐らせる原因であるバクテリアの働きが抑えられていたからだと考えられています。

このように、深海底に降ってきた有機物は、冷蔵庫で保存されていたかのように、腐らずに保存されているのです。

少ない餌を有効に使う

深海では餌が少ないといいましたが、陸上の熱帯におけるジャングルも貧栄養です。このことは、熱帯と深海で同じような生態的な特徴を持たせることになっています。すなわち、たくさんの種類の生物が棲む一方で、個々の種の量は少ないという特徴です。逆に寒い地方では、種類は少ない一方で、個々の種の量は多いという特徴があります。

熱帯雨林や熱帯の珊瑚礁を思い浮かべてください。多種多様な生物が所狭しと生息しているイメージが、多くの人の目に浮かぶことと思います。実は、深海も熱帯と同じなのです。深海では餌が極端に少ないので、生物の生物量(バイオマス)は小さくなりますが、生物の種類はかなり多くなっています。これは、表層や私たちの生活している陸上と比べて深海の環境が安定しているので、そこに棲む生物たちは環境変動に対応する必要がないからなのです。

「少ない餌」というのも生物の生態を決定づける重要なキーワードです。すべての生物が同じ餌を同じように求めていては、必ず競争が起きます。競争が起きると、一方が勝ち、もう一方が負けます。負け続ければ絶滅し、共倒れになる可能性もあります。

こうしたリスクを減らすには、少ない餌を有効に使う必要があります。1つの方法として、餌の使い方を変えるという方法があります。餌の使い方を変えると、棲み場所や棲み方も変わります。これを生物学では「棲み分け」とか「食い分け」と呼んでいます。私たち人間も、1つのお弁当の中でも、ご飯が好きな人、海苔が好きな人、梅干しが好きな人、肉の赤身が好きな人、脂身が好きな人などのように、好みはさまざまに分かれると思います。同じものを欲する人がいると競争が起きますが、分かれてしまえばお互い共存できるのです。同様に棲むところも、平地がいい人、高台がいい人、都会がいい人、田舎がいい人などさまざまです。このように生物間でさまざまな棲み分け、食い分けが起こり、深海は生物多様性が高くなっています。

Section 17

″海のおにぎり″マリンスノー

ゆっくり、確実に、深海底に届く有機物

「海のおにぎり」と呼ばれる由来

先にマリンスノーについて少し触れましたが、マリンスノーは海の生態系で非常に重要な役割を果たしているので、もう少し詳しくお話ししておきましょう。

マリンスノーは、北海道大学の200メートル級の潜水船「くろしお号」の1951年の潜航で、北海道で普段目にしている雪が降る情景が潜水船の窓から見えたことから名づけられました。植物プランクトンや動物プランクトン、それらの排泄物や死骸、そして海中に漂うごく微小な砂や泥などがまとまっており、栄養分もあるので「海のおにぎり」と呼ばれ、動物プランクトンや魚類の稚魚など、ほかの生物の食料となります。

マリンスノーの生成過程

マリンスノーの起源は植物プランクトンです。植物プランクトンは、活発に増殖して元気なときには浮力がありますが、老化したりして活性がなくなってくると、密度が高まり沈むという特性があります。

また、細胞外多糖類というものを分泌します。植物に限らず生物は全体的あるいは部分的に粘液で包まれていますが、これはすべて多糖類です。これが粘性を持っていて接着剤の役割を果たします。弱った植物プランクトンやその死骸は周囲がネバネバしているため、沈み始めるときにお互いがぶつかってくっつき、ひと回り大きな粒子となります。さらに、多糖類は栄養価が高いため、それを餌とするバクテリア類も付着してきます。バクテリア類が繁殖するとさらに栄養価が高まります。また、バクテリア自体も多糖類を出します。これはキッチンの排水口がヌルヌルしてしまう原因と同じです。バクテリアが繁殖することで、マリンスノーの栄養価が高まると同時に、粘性も高くなるので、粒子がぶつかったときに接着することが容易になり、粒子は次々と凝集して、雪が降っているように見えるまで大型化するのです。

　また、最初から大きなマリンスノーが生まれる場合もあります。これは主にオタマボヤの仲間の巣である「ハウス」と呼ばれるものの残骸です。オタマボヤの仲間は、その名のとおりオタマジャクシのような形をしている尾索動物※の仲間です。尾索動物は私たち人類をはじめとする脊椎動物の祖先といわれ、脊椎の原型を持っている生物たちです。ほとんどが数ミリメートル程度の大きさですが、なかには数センチメートルにもなる大型種もいます。

　オタマボヤの仲間は、自ら多糖類の粘液を出して、フィルターを付けたハウスをつくります。オタマボヤはハウスの中

●オタマボヤのハウス

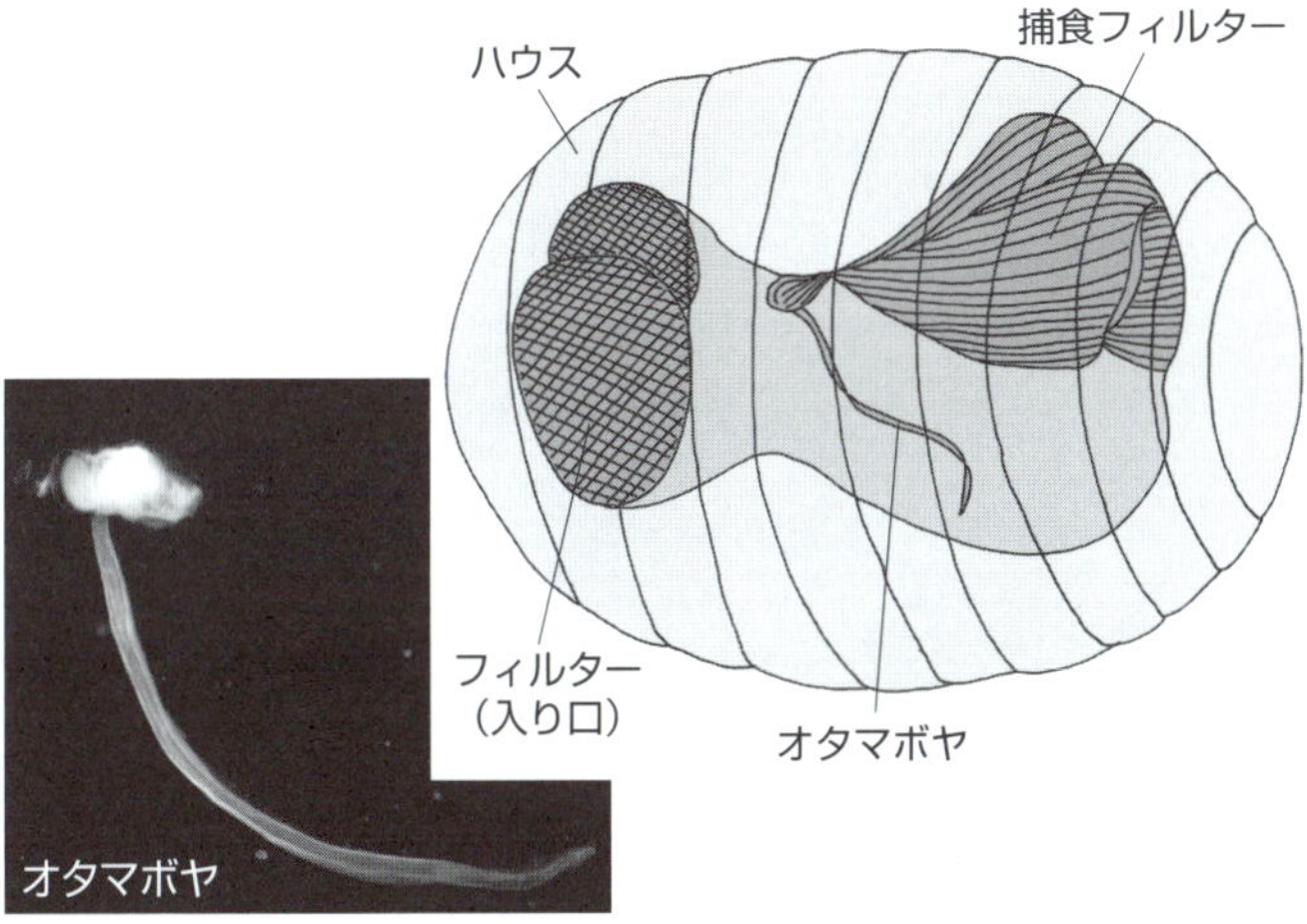

尾索動物（尾索類）…脊椎が発達せず、一生のうちに脊索（背中にできる細長い組織）を一時期でも持つ生物の仲間のこと。尾索類と頭索類がある。尾索類には被嚢と呼ばれるしっかりとした外皮があり、マボヤやユウレイボヤなどのホヤ綱（被嚢綱）、サルパやウミタルなどのタリア綱、オタマボヤなどのオタマボヤ綱がある。

で、しっぽを波打たせてハウスの通路に水流をつくり、フィルターのあるほうに海水を通します。そしてフィルターに引っかかる細かなプランクトンを食べています。しかし、あまりにもフィルターの目が細かいので、すぐに目が詰まってしまい使い物にならなくなってしまいます。するとオタマボヤはハウスを脱ぎ捨てて、また新たなハウスをつくります。このハウスは1個体のオタマボヤから1日に十数個もつくられることもあります。脱ぎ捨てられたハウスは粘着力があるので、さまざまな有機懸濁物※やバクテリアなどが凝集し、大きなマリンスノーとなっていきます。

●脱ぎ捨てられたハウス

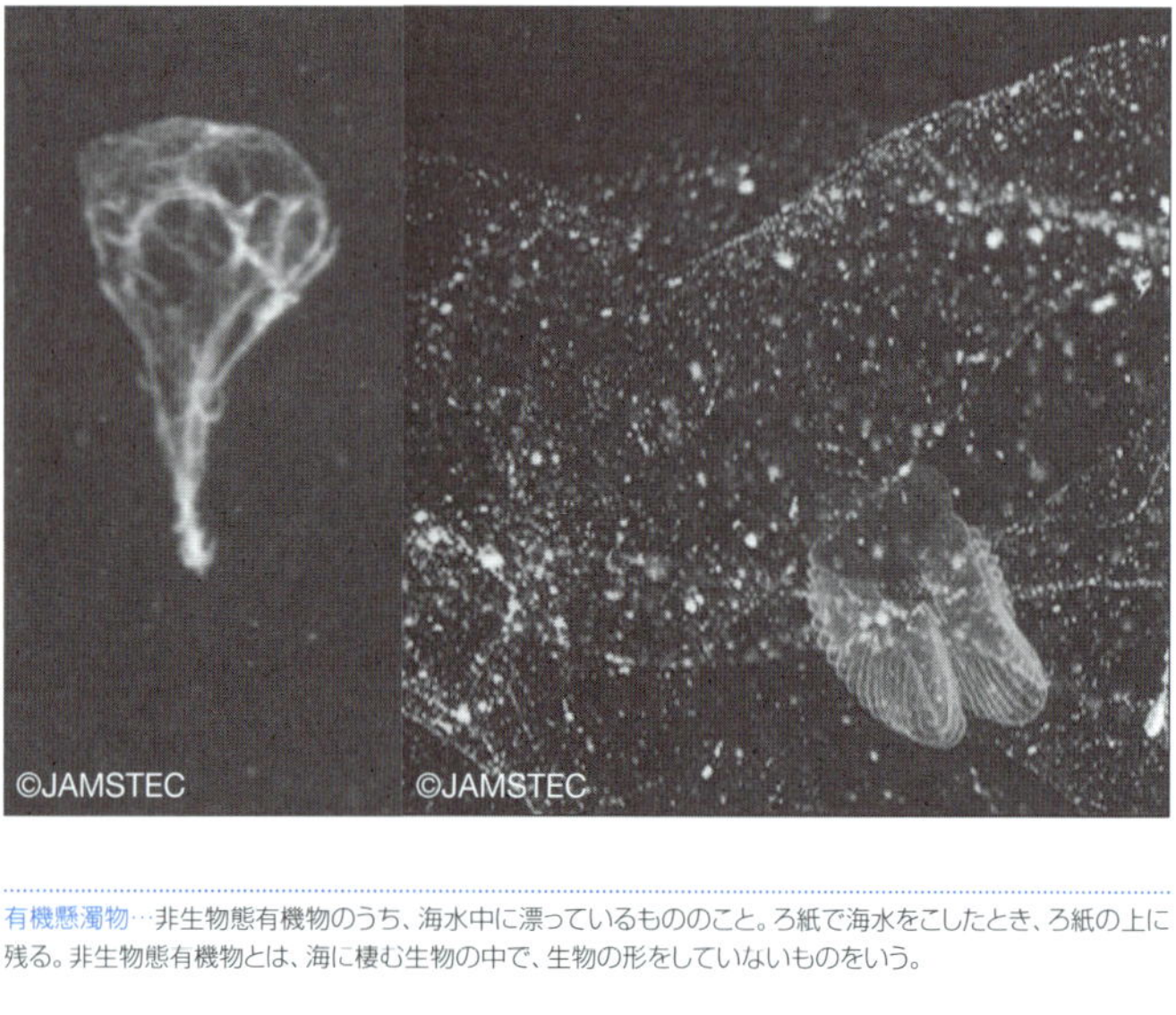

有機懸濁物…非生物態有機物のうち、海水中に漂っているもののこと。ろ紙で海水をこしたとき、ろ紙の上に残る。非生物態有機物とは、海に棲む生物の中で、生物の形をしていないものをいう。

食物連鎖におけるマリンスノー

海中では、植物プランクトンが光合成で二酸化炭素から有機物をつくり、これを動物プランクトンが食べ、さらに魚が食べます。これらの生物の老廃物や死骸などはバクテリアなどの分解者によって、再び二酸化炭素へと戻ります。ここで生まれる有機物の中に、溶存有機物※というものがあります。これは非生物態有機炭素ともいわれ、食物連鎖から外れてしまった、ごく小さな有機物なのです。溶存有機物自体の濃度は薄いのですが、地球上の海の広大さを考えると、溶存有機物に含まれる炭素量は大気中の二酸化炭素量と同じくらい大量に存在することになります。

バクテリアは一般には、有機物を分解して無機物の栄養塩にしてしまいますが、溶存有機物も栄養にして、分解することができます。マリンスノーには、このような働きをするバクテリアもたくさん付着しているので、地球上の生物の大半が使うことのできない、食物連鎖から外れてしまった溶存有機物を、再び食物連鎖の中に組み込むことができるのです。このことは海洋生態系のみならず、地球全体の生態系にとって非常に大きな役割を果たしています。

溶存有機物…海水をろ過して、ろ紙を通過したろ液の中に溶け込んでいる非生物態有機物のこと。

Section 18

マリンスノー以外の食物

深海生物への贈り物

動物の死骸

大きな生物の死骸も、深海の生物の餌になります。大きな生物といえば、魚類やイルカのほか、クジラなどの鯨類やオットセイなどの海獣類を思い浮かべると思います。そのほかにも大量に発生する大型の生物が存在します。その代表はクラゲ類やサルパ類※などのゼラチン質プランクトンです。

皆さんもよく知っている世界最大級のエチゼンクラゲも、大量に発生して日本海に押し寄せてきていますが、あの巨大なクラゲもいつかは死んでしまいます。大量に発生したエチゼンクラゲは死ぬと深海へと沈み、海底でカニなどの生物の餌になっています。北海道から東北沿岸に大量に出現して漁業に悪影響を与えているキタミズクラゲも同様で、死んだ個体は海底に沈み、クモヒトデやウニなどさまざまな生物の餌になっ

サルパ…尾索動物の中のタリア綱に属する生物で、被嚢で包まれたゼラチン質プランクトン。単独で生活する時期やたくさんの個体がつながった群体で生活する時期を持つ。

ています。表層あるいは中・深層で大量の餌を食べて大きくなったクラゲ類が大量に深海底に沈むことは、表層や中・深層の栄養が一気に深海底へ輸送されるという点で、深海生態系の中で重要な役割を果たしています。

クジラは最高のごちそう

先ほどのゼラチン質プランクトン類は、体のほぼ9割が水分ですから、1個体の栄養分はそれほど多くありません。しかし、先に挙げたクジラ類はその体が巨大で、しかも栄養が詰まっています。このような死骸が上から降ってくるのは、餌の少ない深海では、またとないごちそう

●海底に沈んだゼラチン質プランクトン類

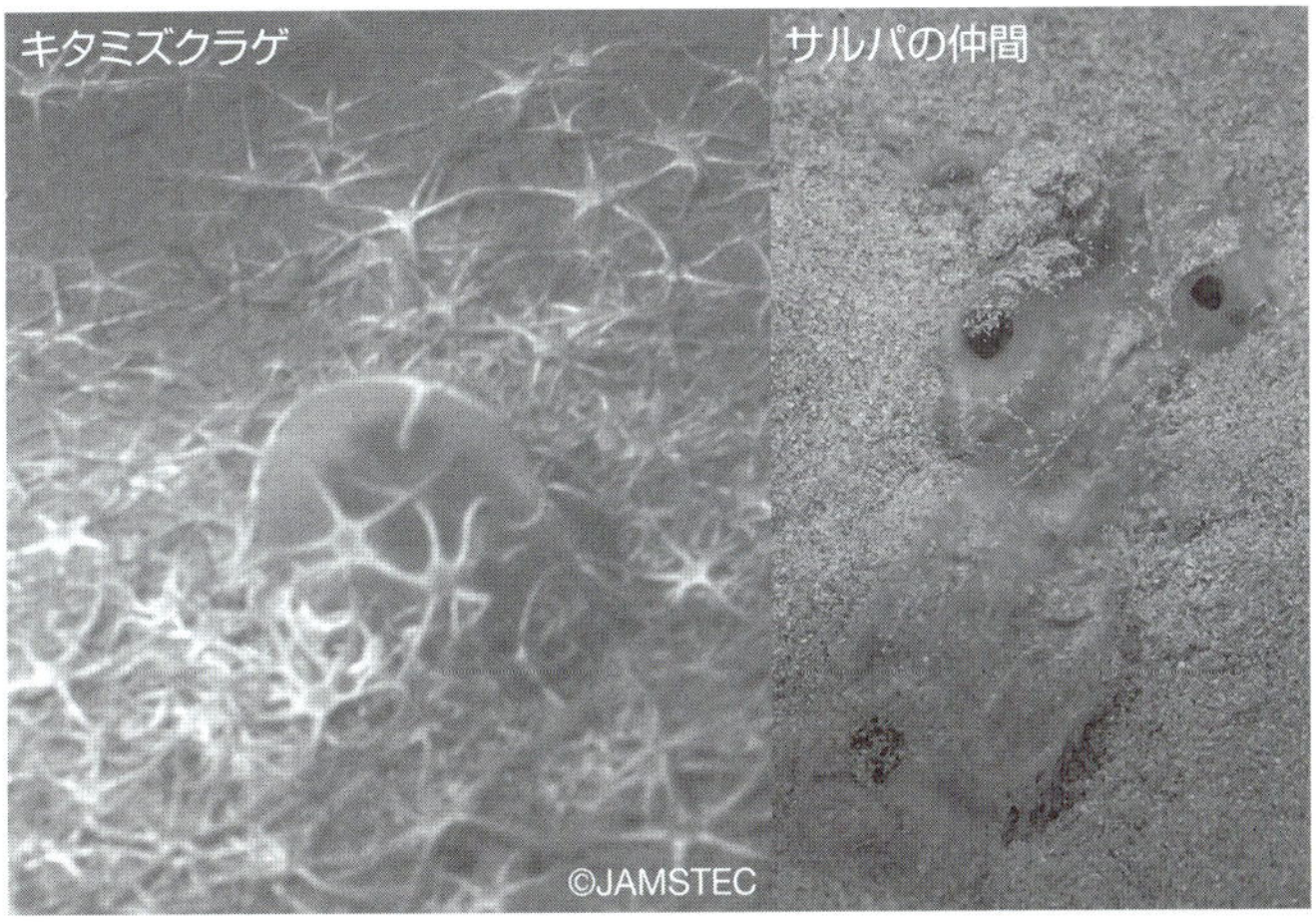

で、まさに「棚からぼた餅」です。

　クジラは死んでしまうと、しばらく浮いている種もありますが、いずれ深海底に沈みます。深海底に沈むと、すぐに大型のサメなどが寄ってきます。サメはその鋭い歯と強靱な顎で、クジラのゴムのような皮膚をどんどん切り裂いていきます。その切れ目にはヌタウナギやコンゴウアナゴが次々に食い込んでいきます。

　コンゴウアナゴは学名を*Simenchelys parasitica*といい、その種小名※に「寄生」の意味のパラサイト（parasite）が含まれています。昔は大型の魚の体の中などから見つかったことから、このような学名がついたそうです。コンゴウア

●**海底に沈んだクジラに群がる生物たち**

種小名…生物の学名は属名と種小名という2つの名前からなる。人の名前でいうと、属名は名字、種小名は名前に当たる。

ナゴの頭や顎の形は、ほかのアナゴの仲間とは異なり、先端が丸くなっています。実際にクジラの死体に食い込んでいく様子を映像で見ると、その頭や顎の構造の意味がよくわかります。目は小さく、口は横に開き、歯は臼歯状で一列に並び、肉を吸い込みながら死体にどんどん食い込んでいけるようになっているのです。

クジラの死体にはまだ肉があるので、カニ類やオオグソクムシやダイオウグソクムシのような大型の甲殻類が肉をむさぼります。肉質がなくなり白骨化しても、その骨に含まれる脂肪などの有機物を利用するゴカイ類などの生物が入ってきます。さらに、この骨に含まれる有機物が腐

●コンゴウアナゴの頭部

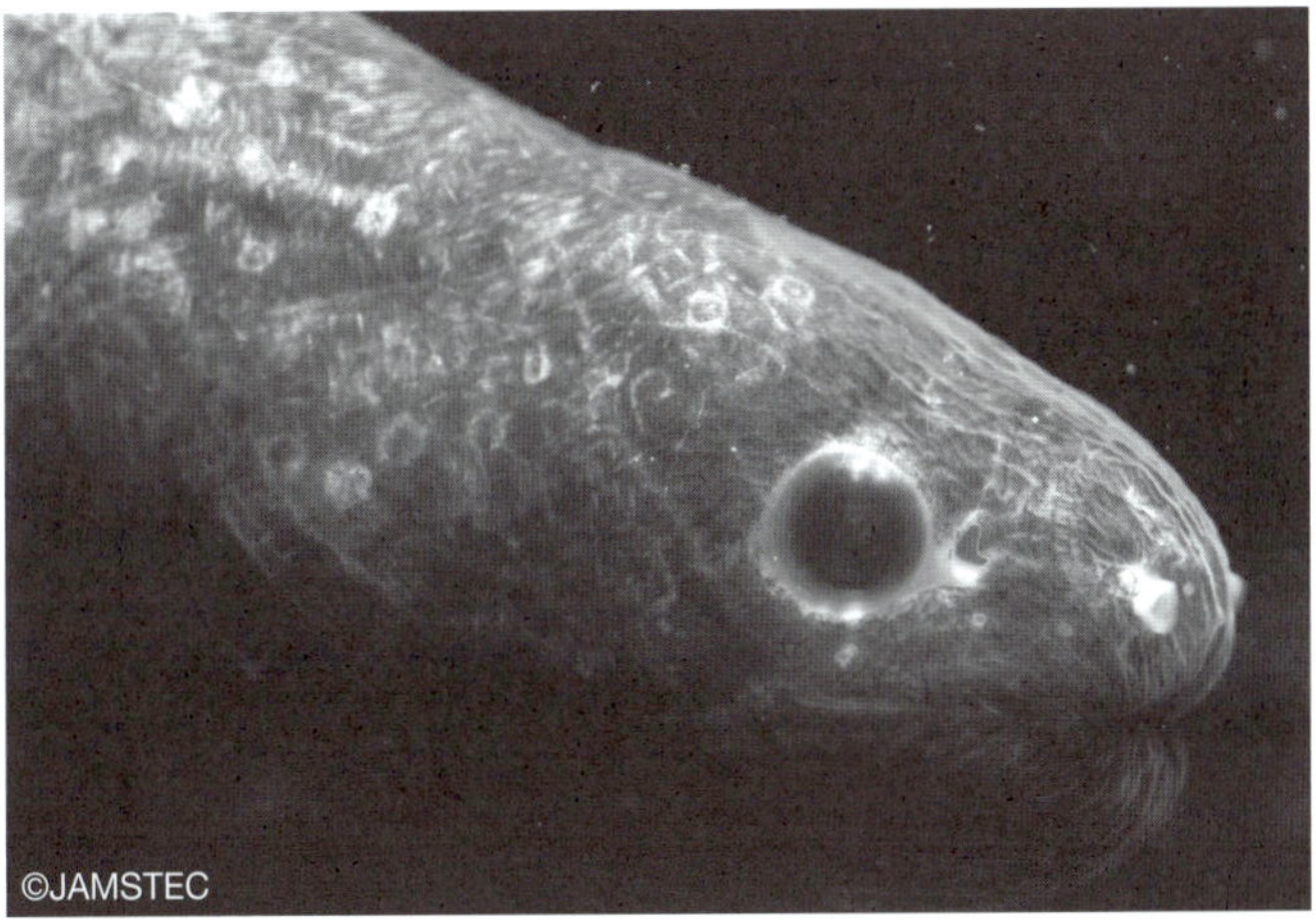

ると硫化水素が発生します。すると、この硫化水素を利用して化学合成を行うバクテリアや、そのバクテリアを体内外に共生させる二枚貝などが入ってきます。その後、骨の養分がすべてなくなってしまうと、後はウミユリやイソギンチャク類などの付着生物の住処《すみか》として使われ、風化していきます。このように、生きている間に多くの生きものを食べて大きくなったクジラは、表層で得た栄養分を深海へ運ぶ役目をしています。一頭のクジラの死は、さまざまな生物に恩恵を与えているのです。

海藻・海草・木

これまでは動物の話をしてきましたが、植物も深海の重要な栄養分になります。海草は、台風などで海が荒れて、海底が撹乱されることにより海底から引きはがされたものは流され、深海底へ輸送されます。また、ホンダワラの仲間のように気胞を持つ海藻は、「流れ藻」となり外洋へと流れていくものも多くなります。これらもいずれは深海底へ沈み、そこにいる生物の重要な餌となります。

一方で、陸上の植物も海に入ってきます。大雨が降り洪水になってしまうと、陸上からは大量の草や木々が海へと流されます。それらのほとんどは再び海岸に打ち上げられますが、一部は潮の流れに乗って、沖合に流され、いずれ海水を含んで深海底へ沈んでいきます。これらの植物はクジラと同じく有機物の塊なので、深海の生物にとっては天の恵みです。大木が沈めば、クジラ並みの有機物が沈むことになるからです。

　ただし植物は、動物には分解しにくいセルロースを主成分とする細胞壁などを持っています。それでも、その深海底に沈んだ有機物の塊である、大きな木材を栄養源にするのがフナクイムシやキクイガイの仲間です。キクイガイは木に穴を掘っていきながら、その削りかすを食べて生きているといわれています。

●深海底に沈んだ沈木

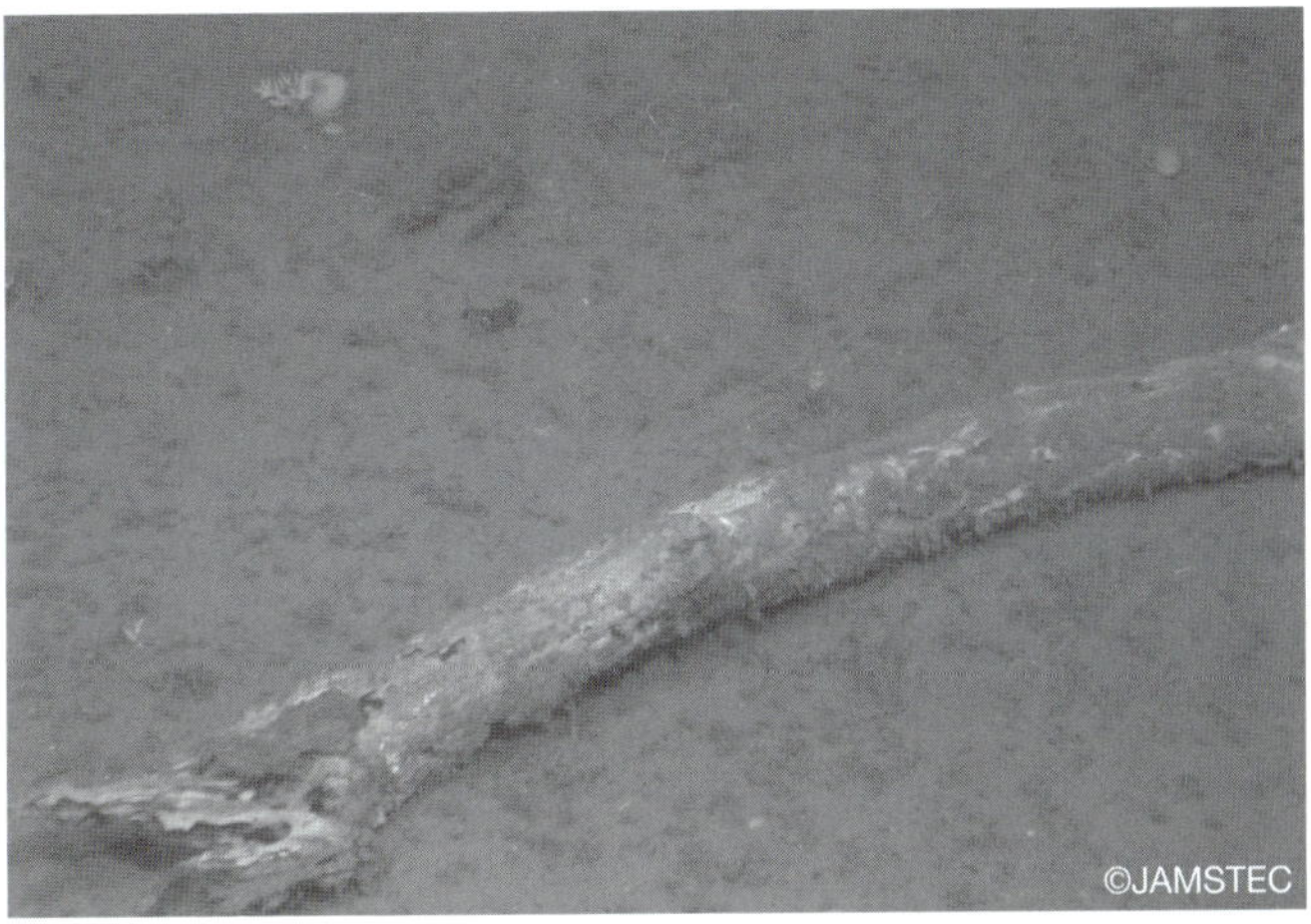

また、マリアナ海溝の最深部である水深1万1000メートルに棲むカイコウオオソコエビは、このセルロースを分解するセルラーゼという消化酵素を持っています。カイコウオオソコエビは、餌の少ない超深海底で、有機物なら何でも食べられるように進化したのかもしれません。また、木材の有機物は、腐食すると硫化水素を発生させます。その硫化水素を利用する化学合成バクテリアが繁殖し、それを捕食する生物が集まってくることもあるのです。

●カイコウオオソコエビ

Section 19

深海生物を食べる深海生物

深海の熾烈な食物連鎖

沈む粒子は加速する

マリンスノーは小さな粒子の凝集したものであるという話をしましたが、食べられて終わり、というわけではなく、まだその先があります。

小さなものでは、「海のお米」ともいわれるカイアシ類、肉眼で見えるサイズのものであればミズムシの仲間、さらに最近では、ウナギのレプトセファルス幼生※やコウモリダコも、マリンスノーを食べることがわかっています。これらの生物がマリンスノーを食べると、次は糞となって排泄されます。糞はぎっしりと粘液でパッケージされて排泄されるので壊れにくく、密度が高く、まだ消化されていない有機物も残っています。密度が高くなると、それだけ沈降するスピードが速くなります。しかも栄養があるので、そこにはバクテリアがたくさん付着して繁殖し、さらに栄養価が高まるうえ、粘性も出

※レプトセファルス幼生…レプトケファルスともいう。ウナギの仲間などの幼生で透明なヤナギの葉状の幼生。マアナゴのレプトセファルスは「のれそれ」と呼ばれ食用にされる。

て、糞粒同士の凝集も起こり、さらに大きな粒子となります。するとまたこれが別の生物に食べられ、さらに立派な糞となって出てきます。この繰り返しにより深海への輸送スピードが速くなり、物質循環が加速されます。

生物ポンプ

トワイライトゾーンに棲む生物には、昼間は深いところにいて、夜になると浅いところに上がる「日周鉛直移動」を行う生物がいます。夜通し行われる「日周鉛直移動」も格段に物質輸送を加速する機構です。夜間に深海から移動し表層で植物プランクトンを食べた動物プランクトンが、夜明けとともに深海へ戻ってきただけでも、表層の有機物が一晩で数百メートル移動したことになります。そこで魚などに捕食され、その魚がさらに鉛直移動で数百メートルも深い場所に移動し、糞をしたり大きな魚に食べられたりすると、さらに表層の有機物が一気に深いところまで運ばれたことになります。

マリンスノーや日周鉛直移動など、生物によって炭素循環が加速されることを「生物ポンプ」といいます。表層の有機物が単体で水深2000メートルに達するにはかなりの年月が必要ですが、生物を介すると数日で輸送される場合もあるそうです。

Chapter.5
深海生物は「一匹オオカミ」が多い?

©新江ノ島水族館

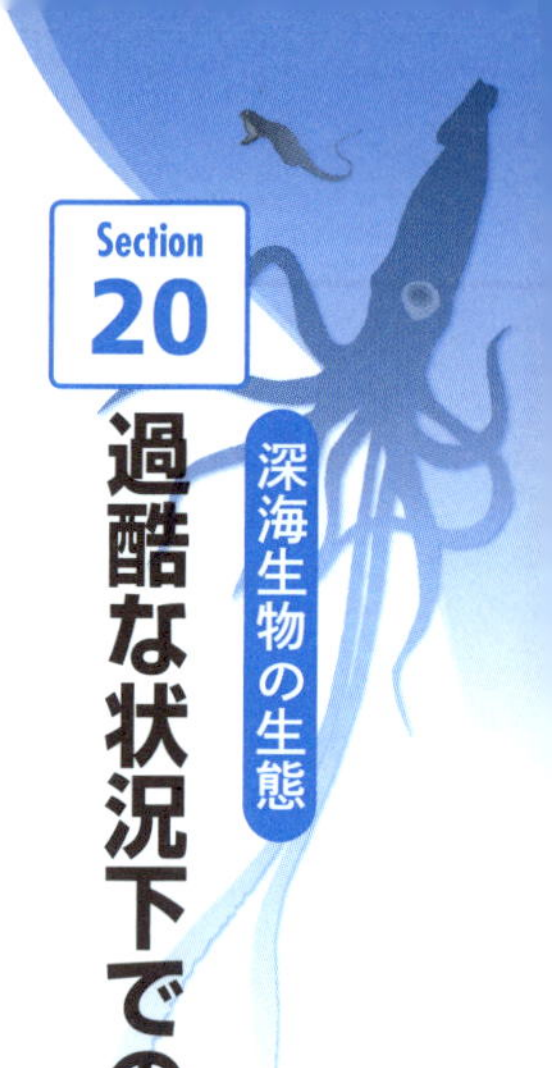

Section 20

深海生物の生態

過酷な状況下での力の使い分け

子孫繁栄に不利な深海

深海生物の生活の様子は、生物の分類群によってさまざまです。しかし、すべての生物に共通するのは、それぞれの生物が子孫を残すために、多種多様な戦略で生活しているということです。深海生物のその戦略に大きな影響を与えているのは、餌の少なさと、雄と雌の出合いの少なさです。これは生物にとって最も厳しい条件だと思います。その厳しい条件をクリアするためにさまざまな努力をしてきたからこそ、深海生物は不思議な形態や生態を持ち、私たちにこのうえない興味を与えてくれているのではないでしょうか。

エネルギーの配分

餌が少ない深海では、エネルギーを無駄なく使う必要があり、生きていくうえでどのようなものにエネルギーを費やすかを考える必要があります。第一に、今ある自分の体を維持するために必要なエネルギーがあります。これはまさに必要最低限のエネルギーです。ほかに、さまざまな活動をするためのエネルギー、成長するためのエネルギー、繁殖のためのエネルギーがあります。餌が十分にあれば、これらすべてに相応のエネルギーを振り分けることができますが、餌がないとそうはいかず、上手なエネルギー配分が必要になります。

エネルギーの配分に気を遣う必要があるのは、深海生物だけではありません。私たちも日常的に同じようなことをしています。例えば、キャベツを買いに行くとしましょう。遠いところにあるA店では1個100円、近いところにあるB店では1個150円で売っています。A店にはバスで往復100円かかります。あなたならどちらに買いに行くでしょう?　1個買うだけであれば、近いB店で150円のキャベツを買うと思います。でも2個買うとしたら、A店で買うとキャベツ2個と運賃で300円、B店では2個で300円になり同じです。3個になると、A店で買うと400円になり、B店で買うと450円になります。つまり、3個以上買うと遠くにあるA店に行ったほうが安いので、皆がそちらに行くようになるでしょう。このように、使うコストと得られる利益を考えて行動を変えることをトレードオフといいます。

深海生物は、このトレードオフによって自分の繁殖効率をどこまで高められるか追求しながら生きてきたといえます。卵の大きさがそうです。種によって体の大きさが決まっており、生殖巣※の大きさも決まってきます。生殖巣の中に入る卵の数は、卵が大きいと少なくなり、小さ

●産卵のトレードオフの概念図

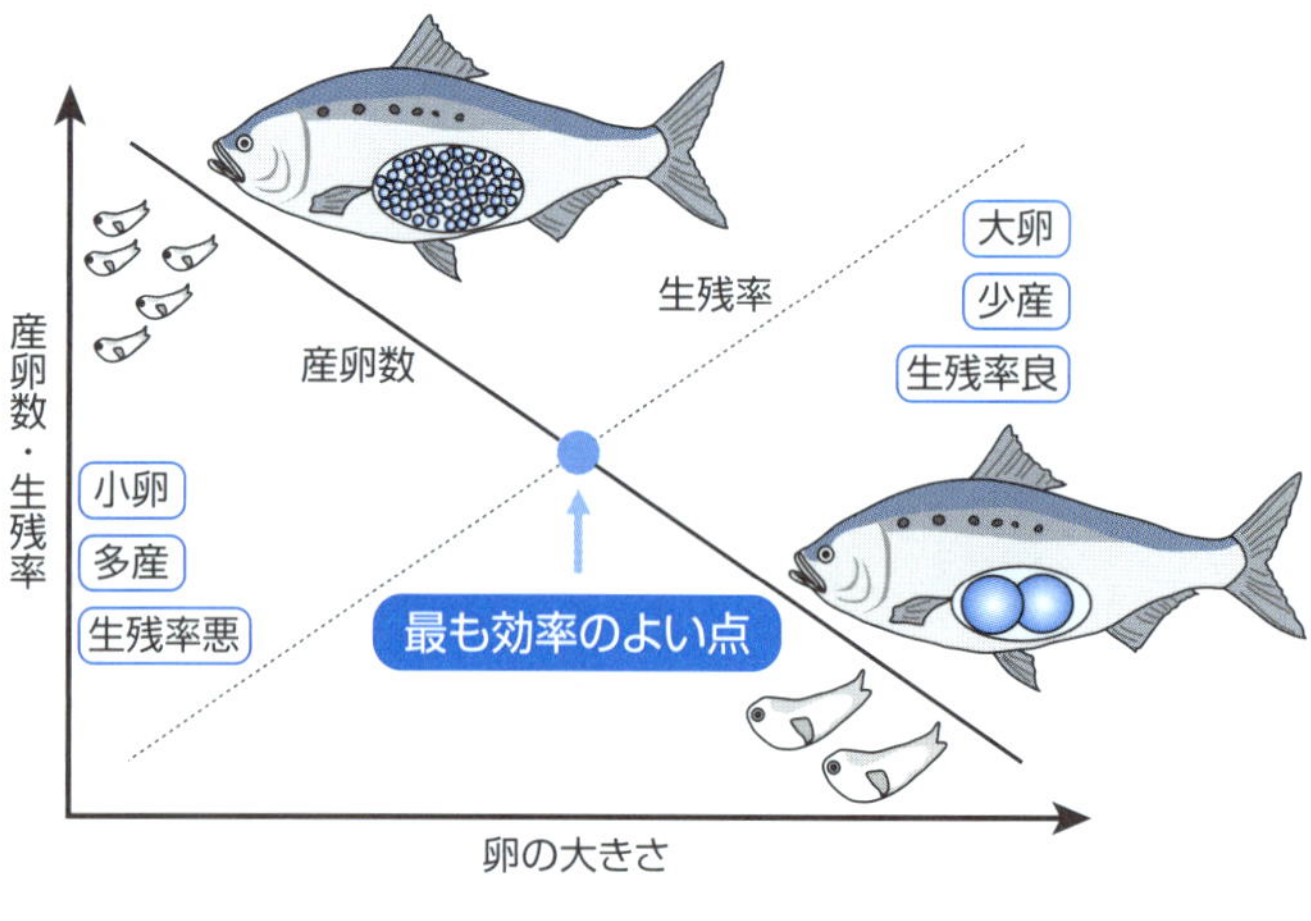

生殖巣…卵巣や精巣のこと。

いと多くなります。それでは、小さい卵をたくさん産めばいいようですが、小さい卵には栄養が少ないので、小さい子どもが生まれ、親になるまでに時間がかかります。一方、大きい卵なら大きい子どもが生まれるので、その分成長も早くなりますが、大きな卵を産むにはそれなりのエネルギーが必要なうえ、産める卵の数も少なくなります。卵の大きさと数は、こうしたコストと利益がちょうどよく釣り合うように決まっているのです。

深海生物は過酷な環境の中で、卵の大きさだけでなく、自分の子孫を残すためのさまざまな戦略を持って生活しています。その一端をこれから紹介していきます。

Section 21

深海生物の子孫の残し方

少ない餌で増える深海生物

出合い

深海は広大な世界です。深海底は2次元の世界なので、「縦」と「横」だけの平面を移動していればよく、まだ救いはありますが、中・深層になるとこれに「高さ」が加わり3次元の世界になります。しかも、生物の量も少ないので、必然的に仲間の数も少ないということになります。こうなると何が問題なのかというと、同じ種の雄と雌が出合う確率がかなり低くなるということです。

私は、日本が誇る潜水調査船「しんかい6500」や「しんかい2000」に十数回搭乗しましたし、無人探査機（ROV）「ハイパードルフィン」や「ドルフィン3K」を使って深海を実際に目で見ています。過去に深海調査で撮影された映像もたくさん見てきましたが、一般によく知られ、誰もが一度は見てみたいと思うようなチョウチンアンコウの仲間ですら、出合ったのは1回きりです。

このように、狙った生物にもなかなか出合えないような環境で、深海生物の雄と雌はどのようにして出合いを見つけ、仲間を見つけているのでしょうか?

音で相手を呼ぶ

生物の多くが雄と雌に分かれているのは、皆さんが知っていることでしょう。雄と雌に分かれると、雄と雌が出合わないと繁殖できません。出合う確率が低いのであれば、その確率を高くする必要があります。深海は文字どおり「一寸先は闇」状態です。自分が真っ暗な中を歩くのを想像してください。誰かを探す場合、あなたならどうしますか?

おそらく皆さんは声を出して探すのではないでしょうか? 実は、同じことをしている深海の生物がいるのです。深海は無音の世界のように思えますが、実際にマイクを設置すると、パチンパチンという音や何かわからない音がひっきりなしに聞こえてきます。深海で聞こえるすべての音の原因がわかっているわけではありませんが、この音の中には深海魚の仲間が相手を探すときに出す音も混じっているのです。

ソコダラ類、イタチウオの仲間、アシロの仲間は、雄が音を出して雌に呼びかけます。

これらの種は、発音するために発達した筋肉を浮き袋（鰾《うきぶくろ》）の上に持っており、出した音を浮き袋で共鳴させ、音をより大きくして外に出しているようです。また、その音を聞くための大きな球形嚢耳石を、雌雄両方が持っています。雌だけでなく雄も球形嚢《きゅうけいのう》耳石《じせき》を持っているのは、雌はその音を聞いて雄がいることを知り、雄は近くに別の雄がいるということを知るためだと考えられています。

光で相手を呼ぶ

音以外にも、暗闇で相手を見つける手段があります。真っ暗なところでは、私たちは懐中電灯を使いますね。深海の生物

●深海魚の発音器

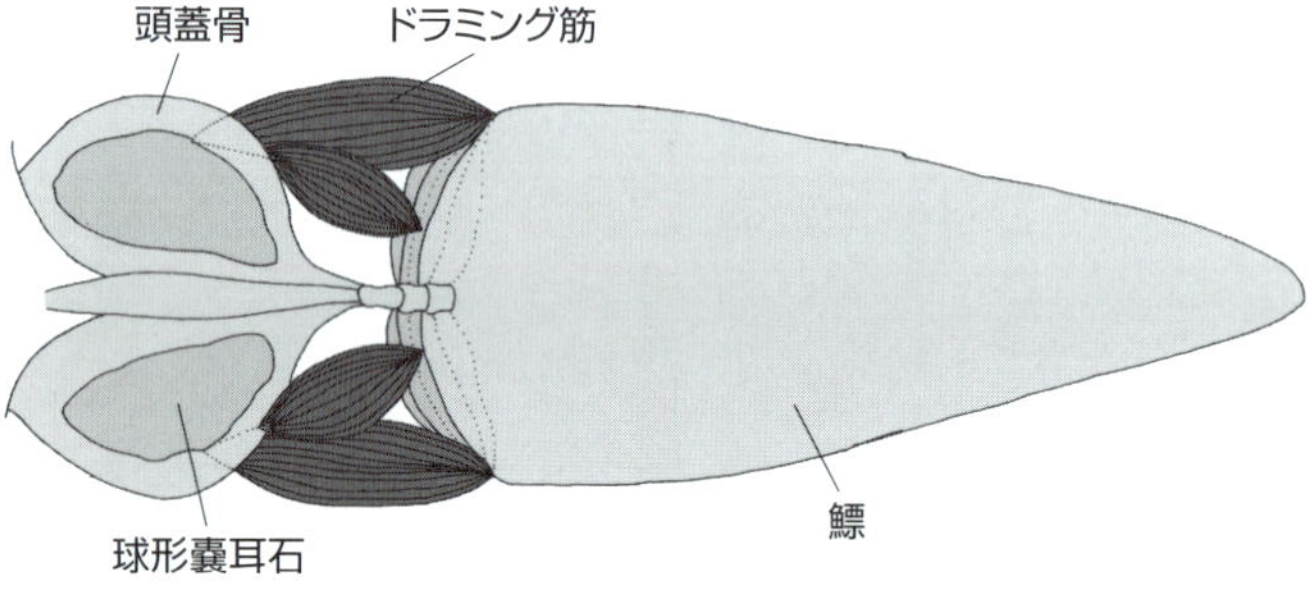

の中には、自分の一部を発光させることにより、相手を探しているものもいるのです。

中・深層に棲むハダカイワシ類は、光を出す発光器を体の下半分にたくさん持っています。発光器の大きさや数、並び方は種によって違います。お互いの種を認め、雌雄の出合いを高めるのに発光が役立っていると考えられています。また、チョウチンアンコウの雌は、大きな発光器を頭部に持っています。雄は雌よりもかなり小さいのですが、雌よりも大きくしっかりとした構造の目を持っています。雄は雌に食べられるリスクを負いながら、雌の光に寄っていき、雌と出合うのです。

臭いで相手を見つける

光も音も使えなかったら、次はどうしますか? 目と耳を閉じられたら、後は臭いが頼りになります。臭いは、遠くまで届く音や光とは異なり、届く範囲が桁外れに狭くなりますが、近いところにお互いがいる場合には有効です。ヨコエソの仲間やチョウチンアンコウの仲間は、雄は発達した嗅覚器を持っていて、雌の臭いや性フェロモンをかぎ分けて雌に出合うと考えられています。

近くにいるのにすれ違いで出合えないのはあまりにも悲しすぎます。そのチャンスを逃さず、できるだけ出合えるようにするための戦略が臭いといえそうです。

雄か雌か

仲間と出合う確率の低い深海で、出合った相手が雄か雌かというのは、かなりの大問題です。せっかく出合っても同性であったら意味がないし、相手が子どもであっても意味がありません。こういう残念な結果を避ける工夫が、自然界にはあります。私は普段いろいろな生物を生きたまま観察して研究していますが、これらの生物は極限状況に置かれても、何とか生き延びようとして驚くべき力を発揮します。効率のよい子孫の増やし方なども、こうして編み出していくのだなと日々実感しています。

まず1つ目の方法は、雌雄同体、つまり「雄と雌」といった性差を持たない方法です。この場合は、ほかの個体に出合いさえすれば必ず繁殖できることになるので効率はよいのですが、個体それぞれが卵子と精子の両方をつくらないといけないので、かなりのエネルギーが必要です。雌雄同体の特徴を持つ深海生物には、イトヒキイワシの仲間やミズウオ、深海性のナマコのパロリザ・パレンス*Paroriza pallens*などがいます。これらの成体同士が出合ったときは、両者がどのように雄と雌の役割分担を決めているのかはよくわかりません。しかし、精子と卵子はつくられ方が違い、価値もまったく異なるため、かなりの駆け引きが行われていると考えられています。

精子がつくられる精巣の中には、「精原《せいげん》細胞」という精子のもとになる細胞があり、これが成熟すると「精母《せいぼ》細胞」となります。この精母細胞は、減数分裂により2回の細胞分裂を経て、遺伝子の数が半分になった4つの精子がつくられます。

その一方、卵子がつくられる卵巣内には、もとになる「卵原《らんげん》細胞」がたくさんあり、これが成熟すると「卵母《らんぼ》細胞」になります。精子と同様に減数分裂で4つの細胞がつくられますが、栄養分を1つの卵母細胞に集中するために、1つの大きな卵子と3つの極端に小さな極体というものがつくられます。役割を終えた極体はなくなり、最後に大きな卵子が1つ残るだけになります。つまり、精子は1つの精母細胞から4つつくられますが、卵子は同じ1つの卵母細胞から1つしかつくられないので、単純に卵子は精子の4倍の価値があるということになるのです。こうなると、雌雄同体の生物同士が出合ったとき、自分が雌になって卵子を相手に差し出すよりも、雄になって精子を差し出すほうがエネルギーがかからず得ですので、おそらく見えないところで何かすごい駆け引きをしているのではないかと思います。実際にどのような駆け引きが行われているかは、今後の研究に期待しましょう。

性別を変える？　性転換

次の方法として挙げられるのが性転換です。性転換をするのにも順番があります。最初に雄として生まれて後から雌になるか、反対に先に雌として生まれて後から雄になるかです。先ほど説明した卵子と精子の価値を考えると、どちらが効率的かわかるでしょう。――そうです、先に雄として生まれて、後から雌になったほうが効率的です。このような性転換のしかたを「雄性先熟型《ゆうせいせんじゅくがた》」の性転換といいます。

成長途中の小さな体でも、精子であれ

●卵子と精子の形成

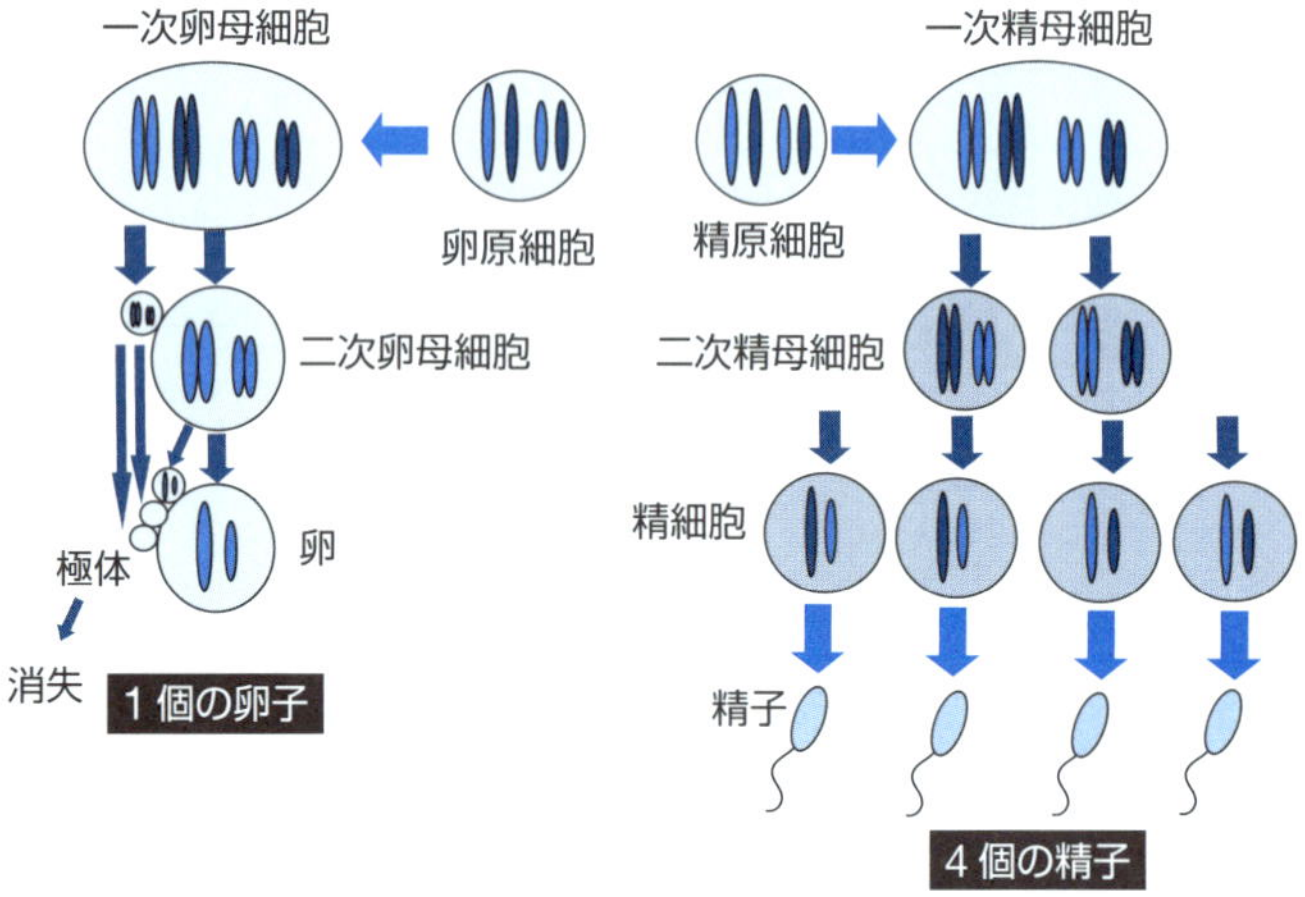

ば少ないエネルギーでたくさんつくることができます。卵は小さな体では少ししかつくれないので、大きくなってからエネルギーを費やして、大きな卵をたくさんつくったほうが効率的なのです。このように雄性先熟型の性転換をする深海生物としては、ヨコエソ類がよく知られています。

相手の一部になるヒモ生活

雌雄同体と性転換についてお話ししましたが、ここでは性に関する究極の選択といってもいい「ヒモ生活」を紹介します。これは、雄が雌に比べて極端に小さくなる矮雄《わいゆう》という現象で、小さな雄が雌に

●オニハダカの性転換

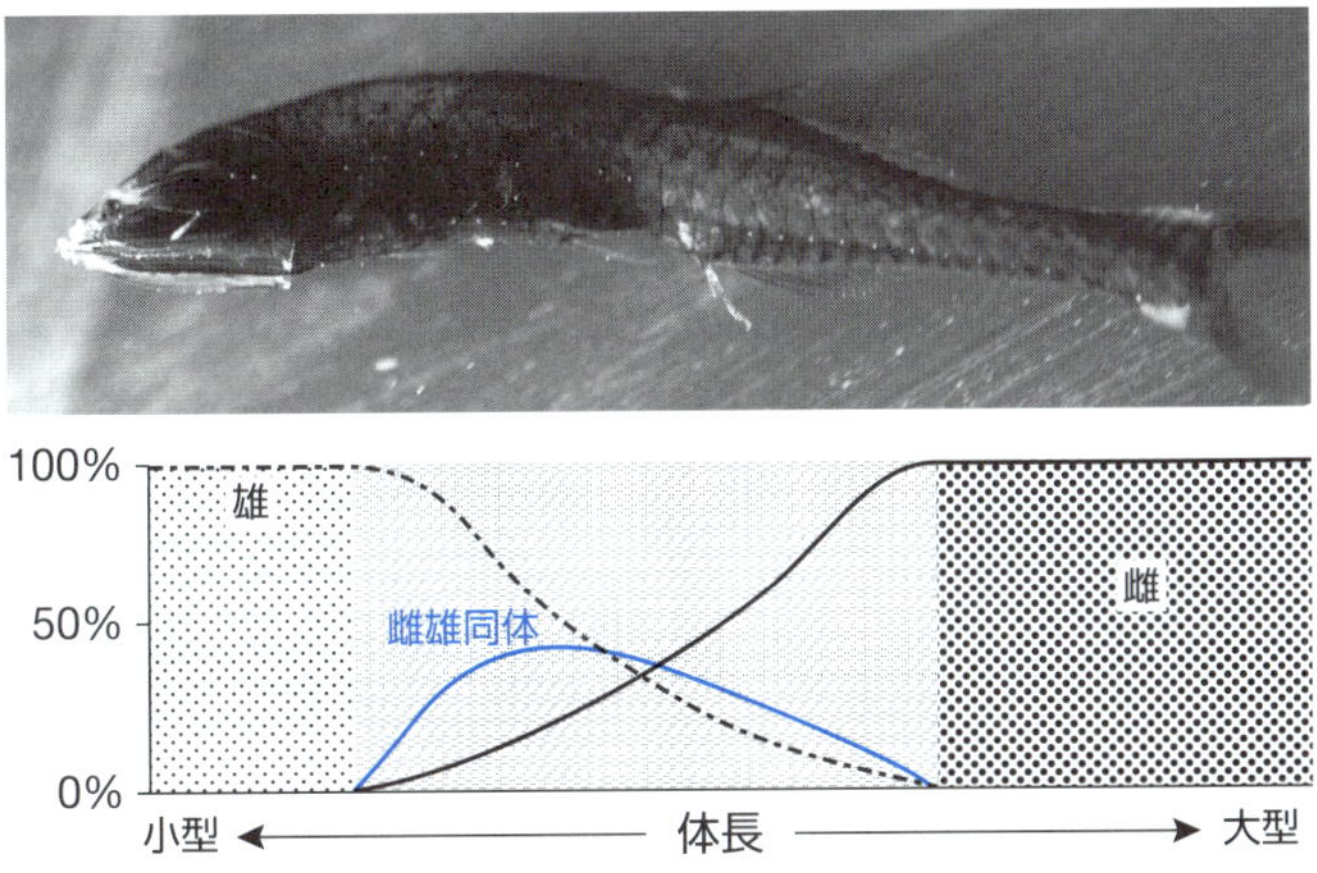

小型の個体はほとんど雄で、大型の個体はほとんど雌になる。中間の大きさになると雌雄同体の個体が出てくる

寄生するための方法です。矮雄が見られる深海生物のうち、最もよく知られているのがチョウチンアンコウの仲間です。皆さんが一般に思い浮かべるチョウチンアンコウは雌の姿です。雌は20～30センチメートルほどの大きさにもなり、立派な発光器を持っていますが、雄は数センチメートルほどしかなく、発光器もありません。その代わり、発達した嗅覚器と目を持っています。

チョウチンアンコウの雄は、中・深層を放浪し、雌の放つ光や臭いを頼りに雌を探します。雌を見つけると、雄は即座に雌に食らいつきます。くっついた雄は、交尾が終わるまでしばらく雌にくっついて

●チョウチンアンコウ類の雄

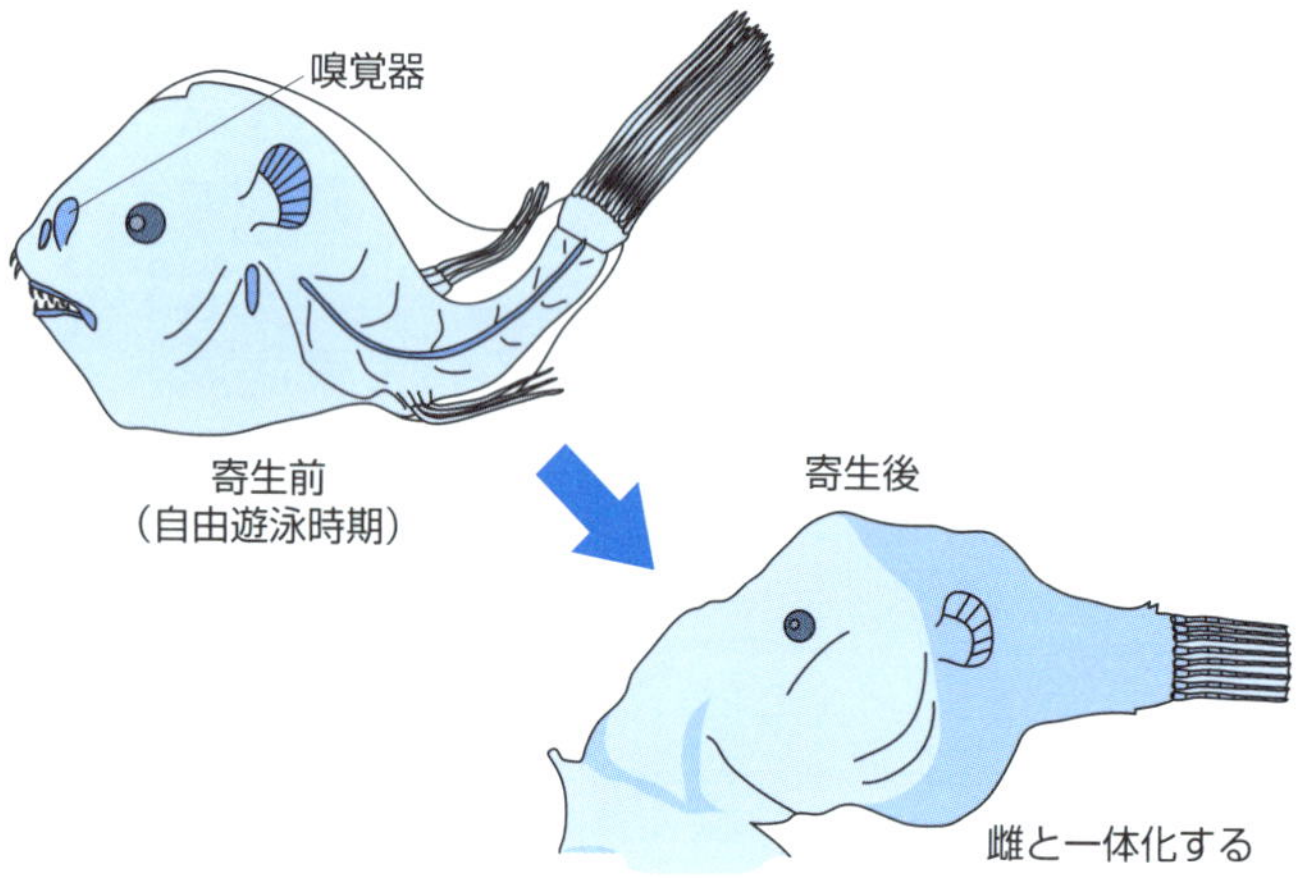

います。交尾後に離れてしまう種もいますが、そのまま雌の体の一部となり、雌の血管から栄養をもらい、精子をつくる器官のようになる雄もいるのです。

このようなヒモ生活では、雄が付着することで雄も雌も性的に成熟し、繁殖可能になります。ちなみに、雄は子孫を残すことにあまりにも執着しているのか、間違えて別の種類の雌に食らいついていることもあるそうです。こうなると、雄は繁殖できずに一生を終えてしまうと思われます。

卵のサイズ

これまでは雄の視点から、子孫を残す

●雄が付着したビワアンコウ

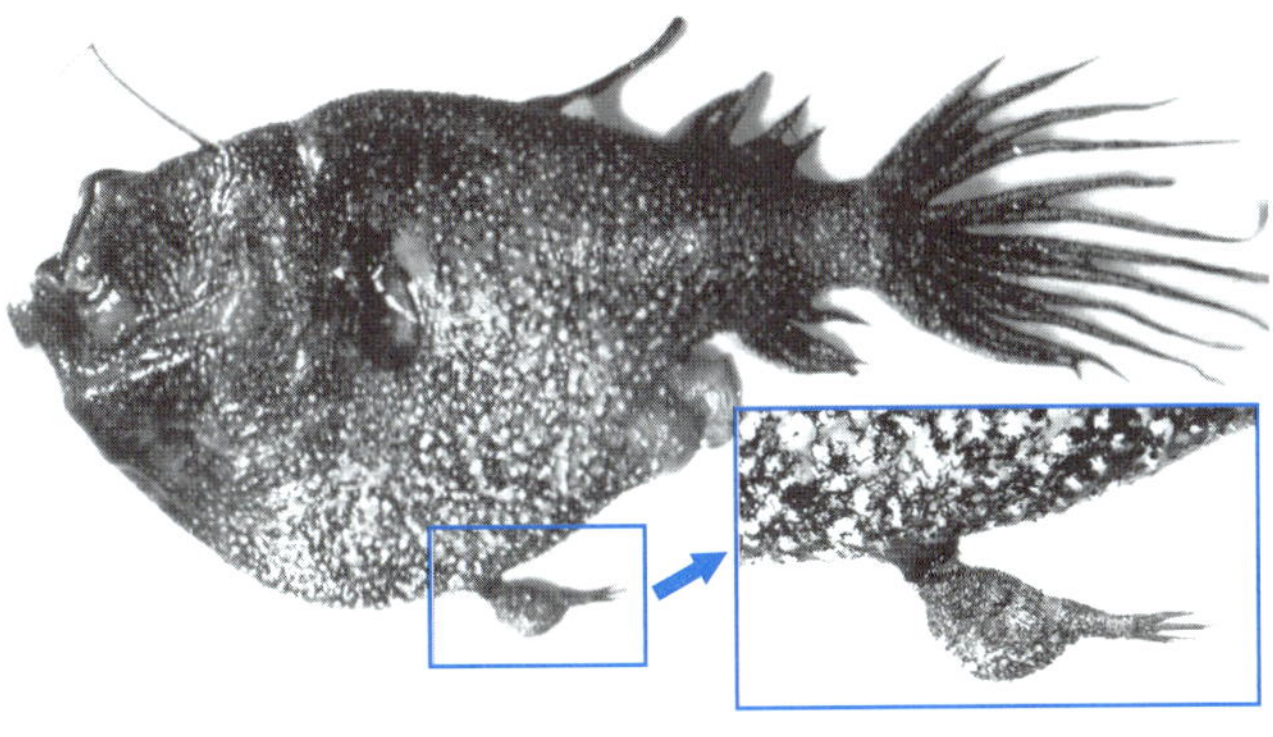

©朝日田卓(北里大学海洋生命科学部)

戦略をお話ししてきましたが、次は雌の視点から見ていきたいと思います。生物の卵や子どもの産み方は、大きく2つに分けられます。1つは、小さな卵をたくさん産むタイプ（小卵型）、もう1つが逆に産む数を少なくして、その分大きな卵を産むタイプ（大卵型）です。

一般に小卵型は、卵1つ当たりに配分される栄養を少なくする代わりに、できるだけ数多くの小さな卵を生産して、孵化した子どもがすぐに餌を食べられるようにするタイプです。一方で大卵型は、1つの卵に栄養を集中させるので、孵化した後もしばらくは卵の栄養だけで生きていくことができるうえ、卵の中である程度まで成長できるので、外敵からの攻撃に強くなります。卵の数を増やして子どもの生残率を下げるか、子どもの生存率を上げて卵の数を少なくするか、どちらかを取るということになります。

深海では、大卵型と小卵型のどちらを採用する生物が多いのでしょうか？　餌が少ないという環境を考えるとおのずとわかると思いますが、大卵型が大半です。

餌が少ないので、雌親は子どもそれぞれにしっかりと栄養を与え、生残率を高める方法を選択したのです。また、Ｃｈａｐｔｅｒ3の巨大化のところでも説明したように、深海での適応で寿命が長くなり、体のサイズが大きくなるというのも大卵型になる理由の1つです。大型化により卵巣も大きくなるので、大きな卵を産める数が増加し、寿命が長くなることで一生に複数回の産卵もできるようになるのです。これにより、自分の遺伝子をできるだけ多く残していこうとしているのです。

遺伝子を残すための作戦

ここで、「種の繁栄」といわずに「自分の遺伝子を残す」という言葉を使った理由をお話ししておきます。話題は深海から少しそれてしまいますが、生物の繁殖活動においてはこの考え方が非常に大切になります。

「種族繁栄のために」という慣用句がありますが、それは、自分たちのことだけ考えた結果としてその種族が繁栄している、ということを指します。わかりやすくいえば、生物はみな自分の遺伝子を残すために毎日ライバルと戦って生きているということです。もし、そうでなかったら、雌をめぐっての雄同士の戦いなどなくなってしまいます。

自分の遺伝子を残すための究極の手段が、「ライオンの子殺し」です。ライオンは雄1頭に対して複数の雌と子どもで構成される群れである「プライド」をつくります。子どもの雄は成長すると群れから出ていき、ほかの群れの雄と戦い、その群れを乗っとらなければならないのです。いろいろな群れの雄と戦い、ようやく自分のプライドを持つことができた雄は、私たちから見たらあり得ないようなことを次にするのです。まず、乗っとったプライドにいる子どもを、すべて殺してしまいます。いったいなぜこのような残酷なことをするのでしょうか？

　乗っ取ったプライドにいる子どもは、すべて前のボスだった雄の子どもです。自分の遺伝子を残すために乗っとったのに、ほかのライオンの遺伝子を持つ子どもを守ったり養ったりするのは、意味のないことなのです。残された雌も、子どもを殺されるとすぐに発情して、新しい雄の子どもを産む準備ができます。このように、自分の遺伝子を残すことが目的であると考えると、今まで不可解とされていた生物の不思議な行動の現象を理解できるようになります。

生まれてくる形を変える

　深海生物は、すべて卵から生まれてくるわけではありません。私たちほ乳類のように、親と同じ形になってから生まれてくる場合もあります。サメ類は、雌の腹の中で卵を孵化させ、しばらく保育してから子どもを産む、「卵胎生《らんたいせい》」と呼ばれる仕組みをとります。また、サメは体内受精をしますが、雌は雄から精子の詰まったカプセルを受け取り、卵が受精できる状態になったら、受精させることができます。卵を産むサメもいますが、サメの卵は非常に大きく、子どもも親と同じ形になってから出てきます。

また、シーラカンスも卵胎生です。シーラカンスの仲間は2種類おり、よく知られているシーラカンス *Latimeria chalumnae* は、アフリカのコモロ諸島海域、タンザニア沖に生息しており、もう1つのインドネシアシーラカンス *Latimeria menadoensis* と呼ばれる種が、インドネシアのメナド周辺で見つ

●フジクジラの胎児

かっています。シーラカンスは、水深100〜600メートル程度に生息しており、ソフトボールの球くらいの卵を20〜30個ほど産み、腹の中で孵化させます。なかには、成体のシーラカンスの腹の中に、30〜40センチメートルの胎児がいたという記録も残っています。

サメにしてもシーラカンスにしても、なかなか相手に出合えず、しかも餌が少ない環境では、小さな卵をたくさんばらまいて運を天に任せるよりも、ほんの少しの子どもを、確実に大切に育てるほうを選択したのでしょう。

●シーラカンスの卵と胎児

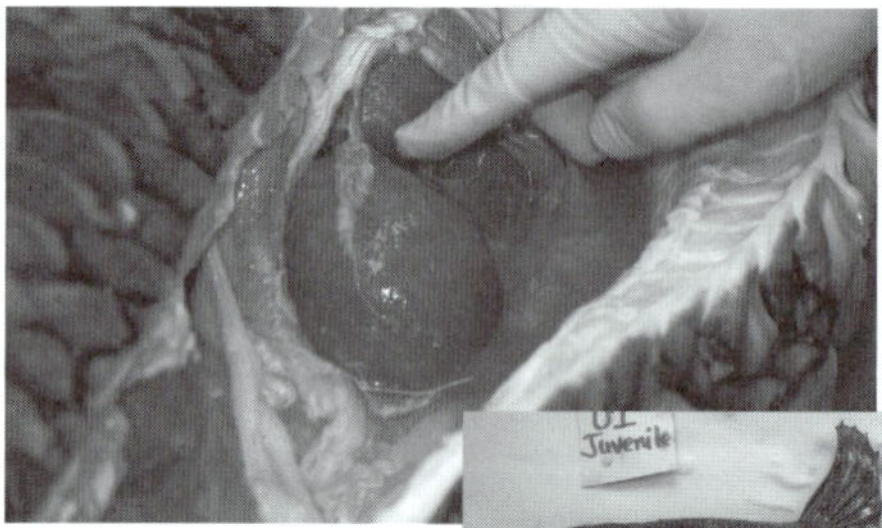

©岡田典弘（国際科学振興財団／シーラカンス研究所）

子どものまま親になる？

餌が少なく、水温も低いところでは、成長は遅くなります。だからといって、大人になるのをのんびり待ってから子どもを産もうとするのは危険です。極限の環境の中で、大人になるまで生き残れるかはわからないからです。

大人になるためには、いろいろな体の変化が起こります。そうした変化に対応するためには、莫大なエネルギーが必要になります。深海は餌が少なく、探すだけでも大変です。そこで、大人の体になるのを途中でやめてしまい、代わりに繁殖能力のほうにエネルギーを振り向ける生き方を選択した生物がいるのです。このような現象を「幼体形質（プロジェネシス）」といいます。この現象は、深海の中層に棲む、日周鉛直移動をしないオニハダカの仲間やソコオクメウオの仲間、ゲンゲ類などに見られます。これらの生物の多くは体が軟らかく、水分を多く含んで沈まないようにするとともに、無駄なエネルギーの消費を減らして、もっぱら生殖腺の発達にエネルギーを注いでいるのです。

いつ産むか

いつ繁殖活動を行うかというのもまた、繁殖成功率に大きく関わってきます。発情期がなく、いつでも繁殖活動が可能な態勢である生物は、雄と雌が出合ったときが繁殖の機会ということになります。しかし、年中繁殖できる態勢が整っていても、必ず子孫を残せるわけではありません。

深海化学合成生態系の1つであるシロウリガイを例に見てみます。この生物は深海底の中でも地震の起こりやすい地域に形成される湧水域に群生しています。

シロウリガイは、水温が0.2℃上がっ

●ヤワラゲンゲ

たときに、まず雄が精子を放出（放精《ほうせい》）します。しかし、潮の流れが速いとすぐに精子が流されてしまい、受精する確率が激減するので、雌はすぐには卵子を放出（放《ほう》卵《らん》）しません。先に話したように、卵子は精子の４倍の価値があります。雌は確実に受精させるため、潮の流れが遅く、雄が放った精子が滞留して精子の濃度が高まったときに、一斉に放卵するということがわかっています。

産卵に適した季節

また、季節的なサイクルもあります。深海に季節があるのか疑問に思う人もいるかもしれませんが、表層にははっきりと

●シロウリガイの群生

した季節性があるので、その影響を深海でも受けるために、実をいうと季節があるのです。

温帯域の海洋では、春になると植物プランクトンが大増殖し、その有機物生産はすさまじい量になります。これらはやがて生物ポンプ（Chapter4参照）などで深海へ輸送されますが、春は深海に降る有機物が多くなるので、餌が豊富な時期となるのです。このような変化が、深海底に棲むカイメン類や刺胞動物、甲殻類などの繁殖サイクルに影響を与えているといわれています。

Section 22

子どもたちの旅

深海生物たちはどのようにして生息範囲を広げていった?

子どものうちしか泳げない生物たち

先ほどは湧水域のシロウリガイのお話をしましたが、深海底にはもう1つの化学合成生態系があり、それは海底火山の周辺に形成されます。海底火山には熱水噴出域が存在し、その周辺には、Chapter1で紹介したゴエモンコシオリエビやユノハナガニ、シンカイコシオリエビ類、オハラエビ類、ハオリムシ類、シンカイヒバリガイ類、シロウリガイ類などの熱水性生物がいます。熱水噴出域は広い深海底において、それぞれの範囲が極端に狭く、地殻の誕生する海嶺《かいれい》や、地殻の沈み込む海溝付近など、地殻運動が盛んなところに集中しています。

この熱水噴出域では、熱水が永久に出ているわけではなく、地殻のプレートや地殻変動によっていずれ枯れてしまいます。そこに棲む熱水性生物は長距離を移動する能力を持たないため、熱水が枯れてしまうと死滅してしまいます。そのため熱水性生物は、住処の外の熱水噴出域にも子孫を分散させ、熱水の枯れに備えておかなければなりません。移動能力のほとんどない熱水性生物が遠方へ移動できる唯一の時期が、プランクトン生活をする幼生の時期です。

熱水性生物もまた、幼生を分散させるのにトレードオフをします。熱水噴出域は通常の深海とは異なり、栄養が豊かで餌にはそれほど困りません。親は卵を遠くの熱水に分散させるか、すぐ近くに分散させるかを選択することになります。近くに分散する場合は大きな卵を産み、

●日本周辺の化学合成生態系の分布

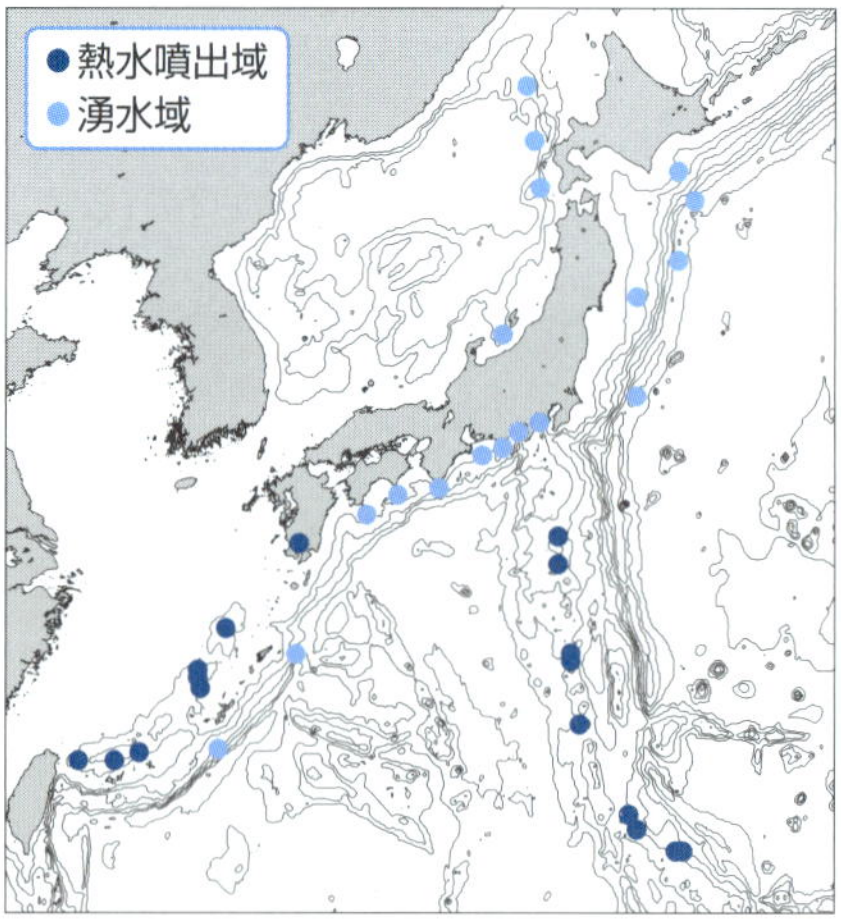

幼生は卵の栄養で育つ「卵黄栄養型」になります。一方、遠くに分散する場合は小さな卵を産み、ほかのプランクトンを食べて生きる「プランクトン栄養型」の幼生になります。

熱水は勢いよく噴出して上昇するので、熱水の噴出している周辺はかなり激しい水流ができます。その熱水は周りの海水と混ざり合い、海水と同じ密度になると今度は水平にたなびきます。ちょうど、工場の煙突からまっすぐ上っていた煙が、ある程度の高さまでいくと、今度は横に広がっていくのと同じ現象です。この横にたなびいた熱水を、熱水プルームといいます。

●熱水性生物の幼生

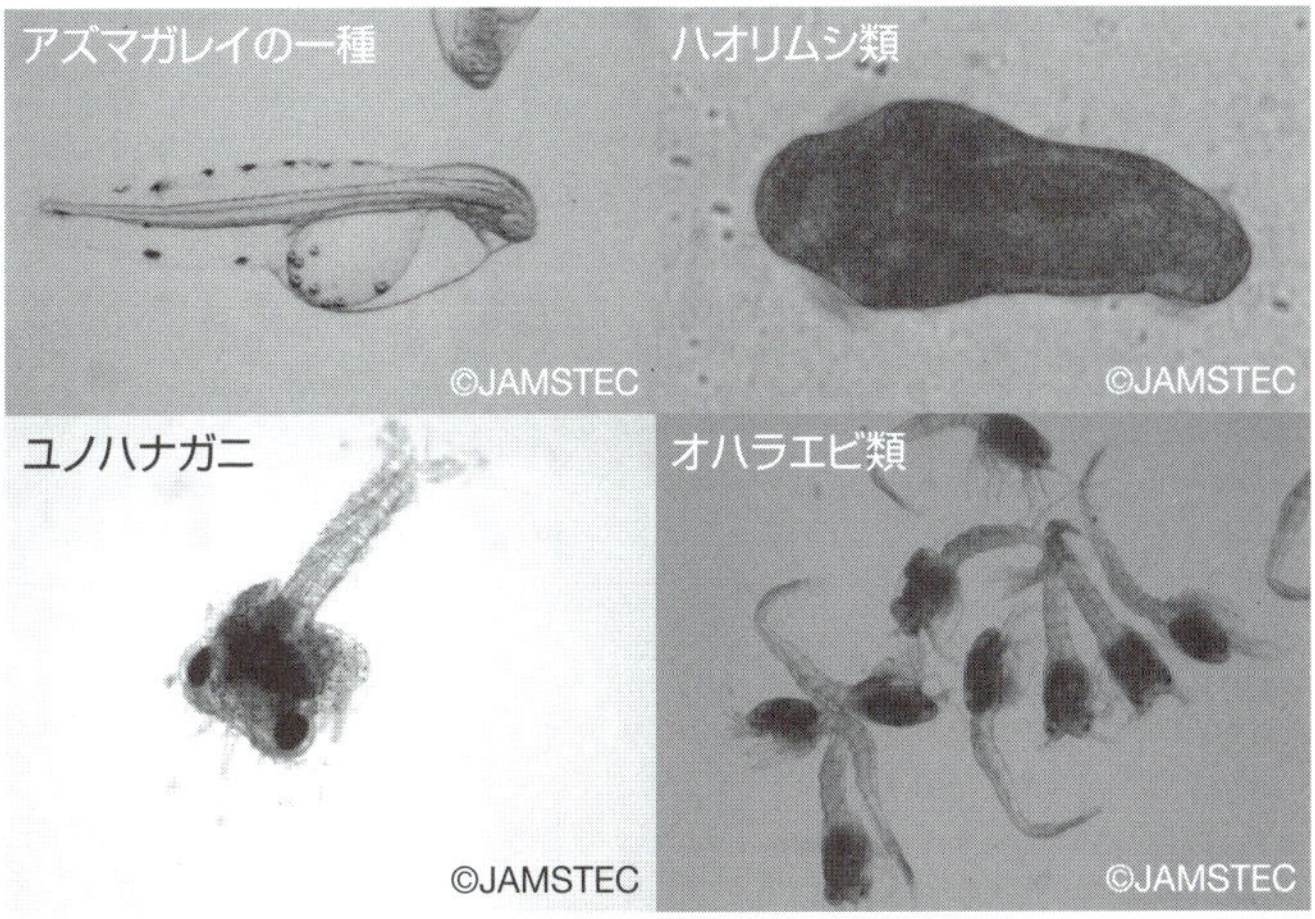

幼生はこの熱水プルームや熱水の上昇によってつくられる水流に乗って移動しますが、小さな軽い幼生は遠くまで運ばれ、大きな重い幼生はすぐに落ちてしまいます。しかし、熱水性のシンカイコシオリエビやゴエモンコシオリエビの幼生は、1～2ミリメートルもある大型の幼生ですが、面白いことにかなりの浮力を持ち、すぐには落ちてきません。そのうえ、幼生は何も食べずに1カ月くらい生きることができるのです。

幼生は漂っている間にどんどん卵黄を吸収して成長し、変態※して重くなり、やがて海底に着く（着底する）と考えられています。熱水による海水の動きには、熱水噴出域では対流してすぐにその熱水噴出域付近に戻ってくるものもあります。このような水流やプルームによって、深海生物たちはその生息範囲を広げていったのです。

ウナギの旅

東アジアに生息しているニホンウナギが、2001年6月、国際自然保護連合（IUCN）により、絶滅危惧種に指定されました。ニホンウナギは淡水に棲んでおり、アナゴやハモなどと形が似ているので、それらに近い種だと思われがちです。しかし実は、アナゴやハモではなく、深海性のシギウナギやフウセンウナギのほうに近く、その祖先

変態…オタマジャクシがカエルになるなど、生物の形態が大きく変わること。

は深海生物であったことが遺伝子解析でわかってきています。

ニホンウナギの産卵場所は、グアム島の西沖の深海にそびえるスルガ海山の西側周辺です。このことも、祖先が深海生物であった名残かもしれません。日本からはるばる2500キロメートルも海を旅してきて海山に集まり、そして新月の夜に合わせて産卵するのはすごいことです。そこで生まれたウナギの仔魚《しぎょ》は、北赤道海流に乗り、黒潮に乗り換え、北上しながら仔魚からレプトセファルス（後述）に変態し、シラスウナギとなって日本にやってきます。

レプトセファルスとは、柳の葉のよう

●熱水性生物の幼生分散

幼生は熱水プルームや熱水の上昇によってつくられる水流に乗って移動する

な形をした、透明なウナギ目《もく》の幼生のことをいいます。レプトセファルスはクラゲの仲間やオタマボヤのハウス、マリンスノーなどを捕食したり、体から直接溶存態の栄養を吸収したりするなど、いろいろな説がありました。近年、アミノ酸の安定同位体※を用いて食物連鎖の精度の高い解析を行った結果、レプトセファルスはマリンスノーを食べていることがわかりました。私たちの身近にいるウナギも、深海と深く関わっていたのです。

●ニホンウナギのレプトセファルス

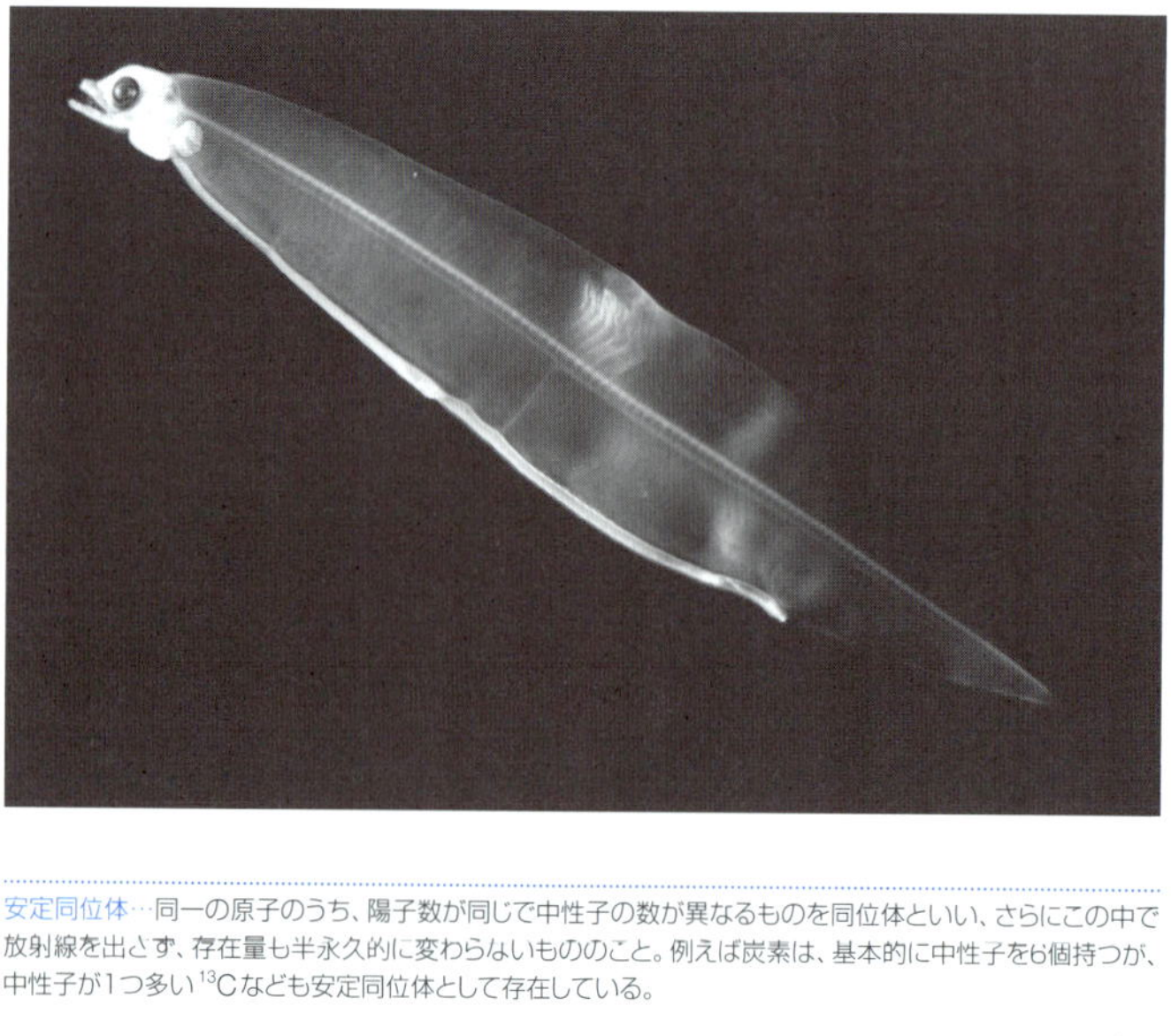

安定同位体…同一の原子のうち、陽子数が同じで中性子の数が異なるものを同位体といい、さらにこの中で放射線を出さず、存在量も半永久的に変わらないもののこと。例えば炭素は、基本的に中性子を6個持つが、中性子が1つ多い^{13}Cなども安定同位体として存在している。

Chapter.6
深海生物は天然のイルミネーション！

©新江ノ島水族館

Section 23

発光する深海生物

暗い海底を照らす光の正体

深海は光の世界

太陽の光は、水深およそ１０００メートルまで届きます。有人潜水船「しんかい２０００」や「しんかい６５００」で潜航すると、水深１００メートル程度で黄昏時程度の明るさになり、潜水船の中から外の世界を見るには強力なライトが必要になるほどです。潜水船に乗って、ライトを消してさらに下降を続けると、水深30メートル辺りから光る粒子が見えてきます。そのまま潜水船で潜航していくと、辺りは真っ暗になり、光がさらにはっきり見えてきます。

光の正体は、生物自体の発光です。潜水船ののぞき窓から注意深く観察していると、ほとんどの生物が発光していることがわかります。発光生物たちが、潜水船に当たったり、潜水船の下降時の乱流に巻き込まれたりした刺激で、光っているのです。

実は、深海生物の90パーセント以上は発光しています。こうした生物による発光は「生物発光」と呼ばれ、深海における唯一の光源となっています。深海は暗黒の世界と思われがちですが、夜空の星や、飛行機や展望台から見える夜景のように、深海にも美しい光の世界があるのです。

生物発光する生物たち

私たちにとって最も身近な発光生物は、おそらくホタルでしょう。でも、ホタル以外の発光生物は何かと聞かれると、あまり思い浮かばないのではないでしょうか？

海の中にはたくさんの発光生物がいます。ホタルイカ、ヤコウチュウ、チョウチンアンコウ、オワンクラゲ、マツカサウオ、発光バクテリアなどがその主な例です。生物の分類をするときには、界《かい》、門《もん》、綱《こう》、目《もく》、科《か》、属《ぞく》、種《しゅ》というカテゴリーで分けていきます。これは私たちの住所と同じで、都道府県から市町村にだんだんと場所を特定していけるようなシステムになっています。私たちヒトを例にとると、「動物界ー脊椎動物門《せきついどうぶつもん》ー哺《ほ》乳綱《にゅうこう》ー霊長目《れいちょうもく》ーヒト科ーヒト属ーヒト」という分類になります。発光生物は門でいうと、バクテリアから脊椎動物まで、これまで知られている動物門のうち12門以上の動物で見られています。単細胞の原生動物※では、放散虫類やヤコウチュウなどの渦鞭毛虫《うずべんもうちゅう》類《るい》、刺胞動物門《しほうどうぶつもん》、有櫛動物門《ゆうしつどうぶつもん》、紐形動物門《ひもがたどうぶつもん》、環形動物門《かんけいどうぶつもん》、軟体動物門《なんたいどうぶつもん》、毛顎動物門《もうがくどうぶつもん》、節足《せっそく》動物門《どうぶつもん》、触手動物門《しょくしゅどうぶつもん》、棘皮動物門《きょくひどうぶつもん》、脊椎動物門《せきついどうぶつもん》などがあり、発光生物のほとんどは海に棲んでいます。特に脊椎動物門では魚類にしか見られず、両生類、は虫類、鳥類、ほ乳類には、生物発光するものはいません。

発光の仕組み

　生物発光は、生物が体内に持つ「ルシフェリン」という発光物質と「ルシフェラーゼ」という酵素の働きにより起こります。ルシフェラーゼが酸素と結合して酸化すると「酸化ルシフェリン」ができ、そのときに生まれるエネルギーが光となるのです。これを「ルシフェリン-ルシフェラーゼ反応」といいます。ルシフェリンは細かく分けられ、渦鞭《うずべん》毛藻《もうそう》ルシフェリン、ウミホタルルシフェリン、セレンテラジン、そしてホタルなどの陸上昆虫に見られるホタルルシフェリンがあります。

　発光生物は、これらのルシフェリンを自分でつくって発光しているわけではありません。2008年のノーベル賞で一躍有名になったオワンクラゲは、先ほど挙げたルシ

原生動物…ミドリムシやゾウリムシなど、単細胞性の動物のこと。さまざまな分類群の生物が含まれる。

フェリンの中では、セレンテラジンを用いて発光します。セレンテラジンを体内に持たないテマリクラゲの仲間を餌に、このオワンクラゲを飼育すると、オワンクラゲは光らなくなります。その後で、セレンテラジンを持ったチョウクラゲモドキの仲間やセレンテラジンを注射したミズクラゲを与えると、また発光するようになります。この実験から、オワンクラゲは、発光する餌生物からセレンテラジンを得ていたということがわかりました。

その一方でウミホタルは、ウミホタルルシフェリンという名前のとおり、自分の体の中でルシフェリンを合成して発光しています。

●ルシフェリン－ルシフェラーゼ反応

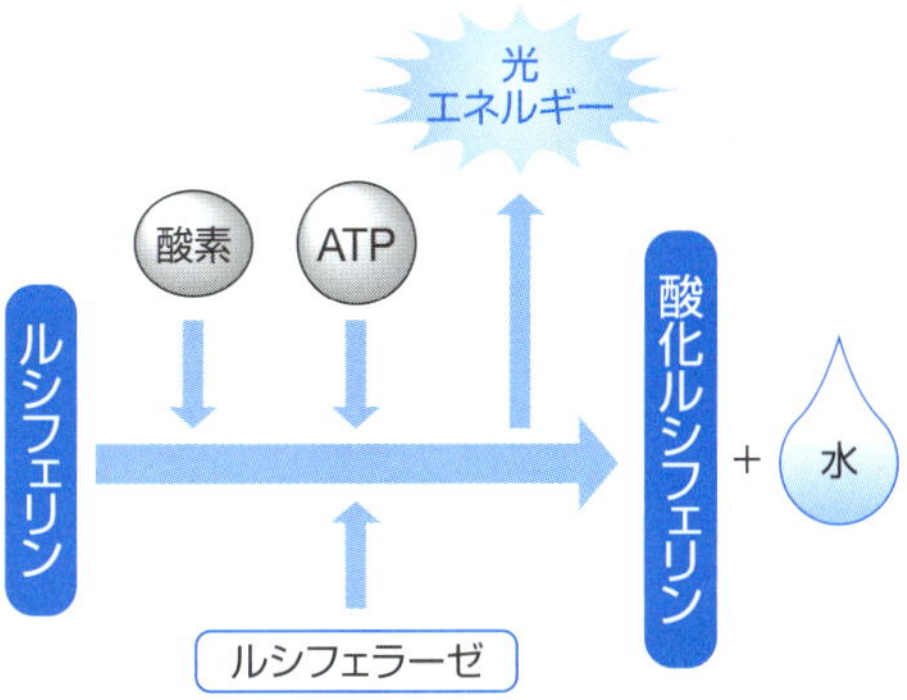

ATP…アデノシン三リン酸の略号。アデノシン三リン酸からアデノシン二リン酸とリン酸に分解されるときにエネルギーが放出され、アデノシン三リン酸をアデノシン二リン酸とリン酸から合成するときにエネルギーを蓄える。

発光生物の発光のしかたには2種類があります。1つは、ウミホタルのように「自力発光」するタイプです。自力発光する魚類には、中・深層に生息するものが多く、ワニトカゲギス類、ハダカイワシ類、イカ類などがいます。

もう1つは、発光バクテリアを体内に共生させて、それによって光るという「共生発光」です。共生発光する魚類としてはヒイラギ類、マツカサウオやヒカリキンメダイ、チョウチンアンコウ類がいます。これらの生物は、発光バクテリアを培養する専用の器官を持ち、そこで発光させます。発光バクテリアは絶えず光っているため、必要に応じてその光が外に漏れないように遮光する機能を持つようになった種もいます。

無駄のない光

生物発光は、ルシフェリン-ルシフェラーゼ反応で発生したエネルギーを光に変えていると説明しましたが、エネルギーは光のほかにもいろいろな形になって現れます。光エネルギー、電気エネルギー、化学エネルギー、運動エネルギー、熱エネルギーなどがその例です。何かが別の状態に変化するときには必ず、熱エネルギーの出入りを伴います。白熱電球を思い浮かべてみてください。光っている電球を直接触ってやけどをしたり、やけどとまではいかなくても熱い思いをしたりした人はたくさんいると思います。この熱こそが熱エネルギーなのです。白熱電球は電気エネルギーを光エネルギーに変換していますが、電気エネルギーの多くが熱エネルギーとなってしまっているため、あのように熱いのです。もし、電気エネルギーをすべて光エネルギーに変換できれば、電球は熱くならず、エネルギーロスをかなり防ぐことができます。

実は、前述のルシフェリン-ルシフェラーゼ反応による生物発光は、化学エネルギーから光エネルギーへの変換効率が高く、熱がほとんど出ません。そのため生物発光による光は「冷光」とも呼ばれます。ちなみに蛍光灯では、光エネルギーに変換される電気エネルギーは全体の20％程度であるのに対し、ホタルは化学エネルギー全体の88％を光エネルギーに変換してしまうそうです。かなりエコな発光といえるでしょう。

生物発光の色には、青色、緑色、黄色などがあります。波長で表すと400～600ナノメートルです。なかでも多いのは青色から緑色の光で、黄色はあまりありません。青色系の光は、すべての光の中で最も深くまで届く光です。深海の生物は、この青色をいろいろな目的で使っています。次のＳｅｃｔｉｏｎでは、深海生物の光の使い方についてお話しします。

Section 24

光を操る深海生物

深海に潜む「光の魔術師」

隠れ上手な深海生物

中・深層に生息する生物は、ほとんどが水面のほうを見上げながら生活しています。そのため、テンガンムネエソやデメニギスなどの魚類は、大きな目が上に向いていたり、頭が上になるように体を鉛直にしたりして泳いでいます。これらの生物はいったい何を見ているのでしょうか?

中・深層では、1000メートル辺りまで光が届いているとお話ししましたが、光が届くということは、影ができることを意味します。いくら微弱な光でも影は必ずできます。この影ができることで、光の明暗に差ができ、それが動くことで、捕食者は獲物かどうかが判断でき、一気に捕食態勢に入って獲物を捕らえるのです。

中・深層は逃げも隠れもできないところです。そのため、自分の存在を知られないように、影ができない工夫をする必要があります。太陽光の届く水深1000メートル程度の中・深層に生息する、ハダカイワシ類やワニトカゲギス類などの生物は、たくさんの発光器を持っています。この発光器は、遊泳時に下を向く腹側にたくさんついています。これらの発光器が周りの光と同じだけの光を発すると、どうなるでしょう？　見事に自分の影はなくなり、表層から注ぎ込む光の中に溶け込んでしまうのです。これはカモフラージュ※の1種で、「カウンターイルミネーション」といいます。

　また、イカの仲間のメダマホオズキイカは、透明な体を持ち、それだけでカモフ

●発光器

カモフラージュ…周りの環境に溶け込み、発見されにくくすること。

ラージュになっているのですが、大きな目玉だけはどうしても透明にできません。光の方向や光の量、映像を見るにはどうしても周りを暗くしないとわからないからです。そのため、大きな目玉のところだけは影ができてしまい、外敵に見つかる恐れが出てきます。それを回避するために、メダマホオズキイカの仲間は目の下、私たちヒトでいえば隈《くま》ができるところ辺りに、大きな発光器がついていて、それが発光して目の影を隠しています。発光器の下に足があると足の影ができてしまいますが、メダマホオズキイカは目玉より上の位置に足を持ち上げ、しかもなるべく影ができないように縦に立ててい

●メダマホオズキイカの仲間の影を隠す行動

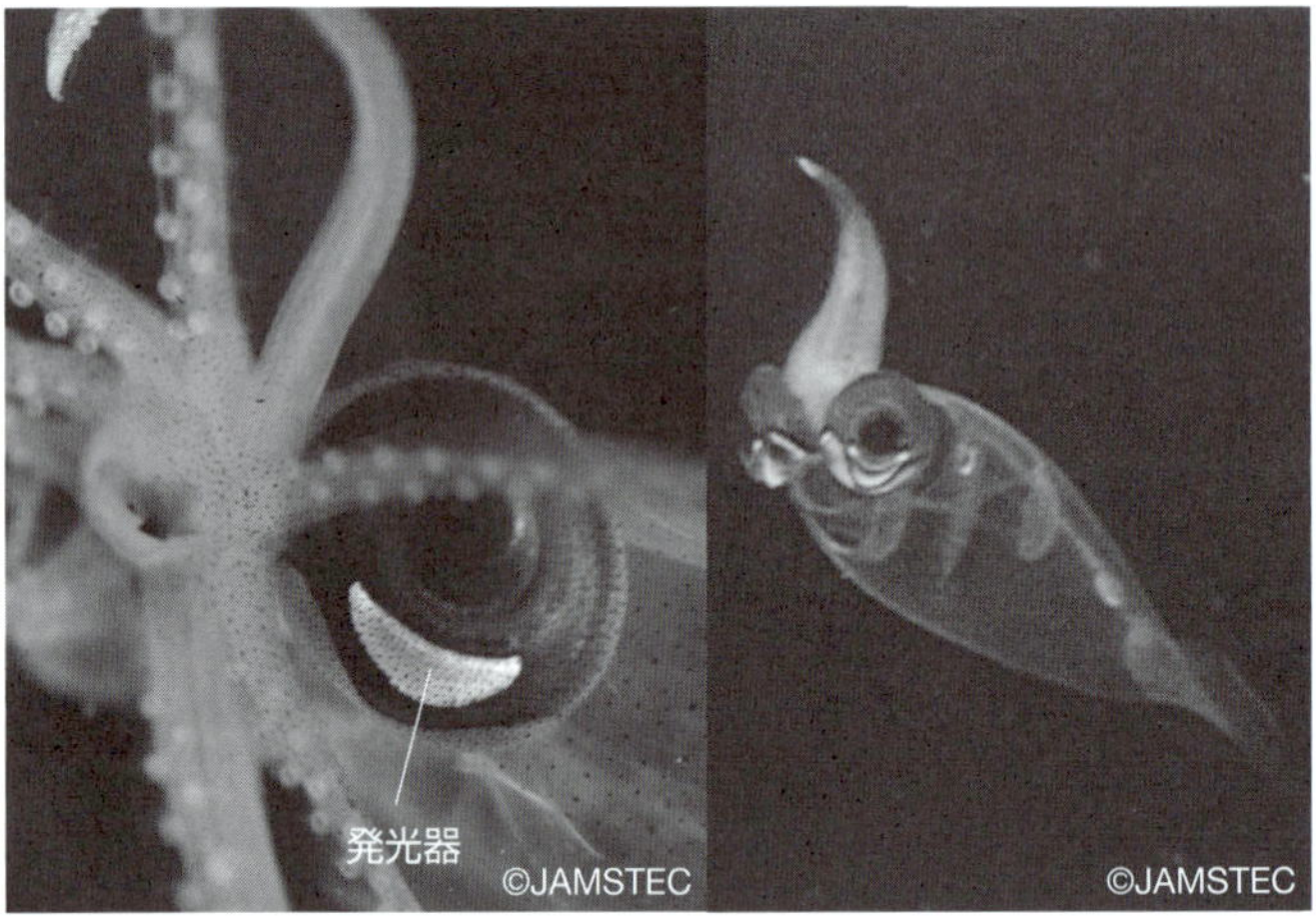

©JAMSTEC

るのです。

びっくりさせる深海生物

発光生物の光は、防衛のために使われることが最も多いようです。普段は発光しませんが、何かに触れたときなど、物理的な刺激があったときに発光し、いわゆる「目くらまし」や「驚かし」としての働きをします。ムラサキカムリクラゲなどのクラゲ類、アミガサクラゲの仲間などのウリクラゲ類などは何かにぶつかると、刺激を受けたところから波打つように体全体に光が広がるように閃光を放って目くらましをします。皆さんがよく知っているホタルイカも、驚くと閃光を放ちま

●カウンターイルミネーション

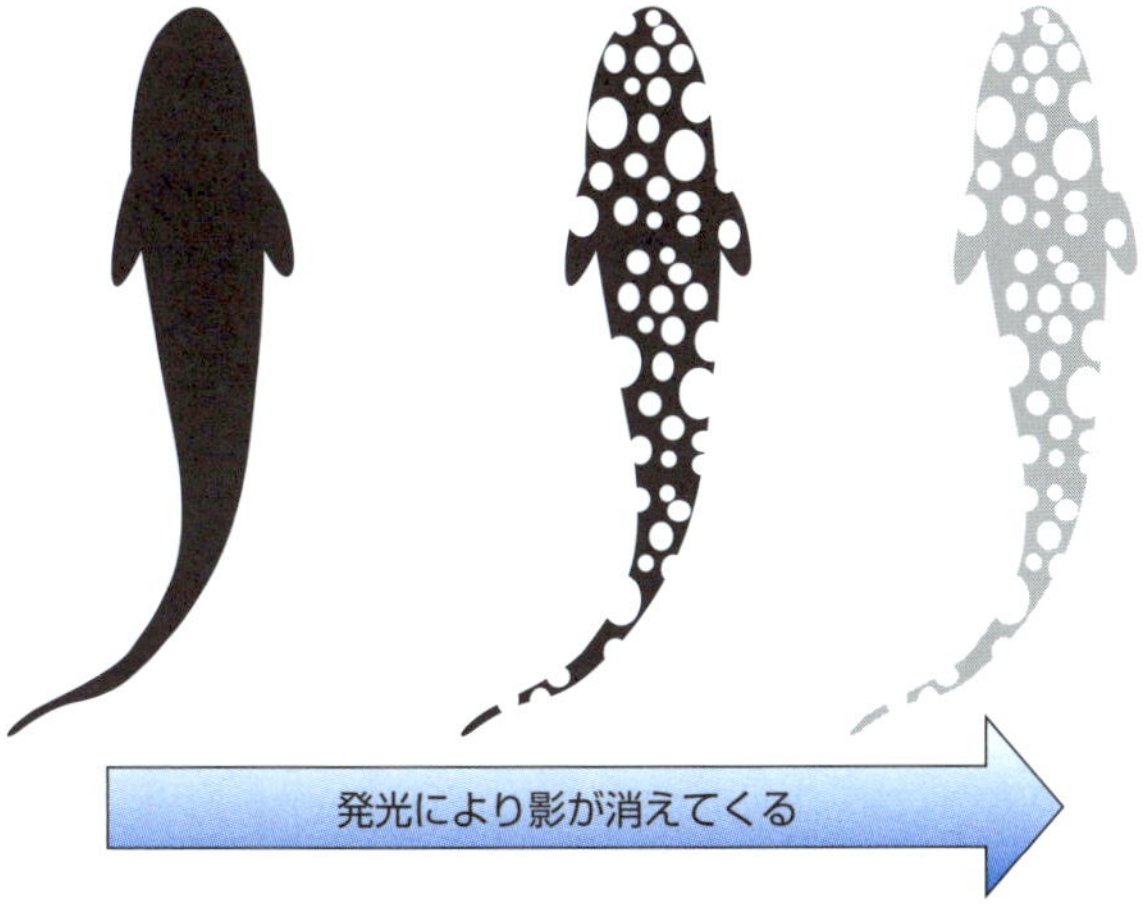

す。深海生物は光に敏感な目を持つため、目の前でいきなり発光されると強烈な刺激となり、気絶してしまうこともあるようです。

ヒドロクラゲの1種であるニジクラゲは、危険を察知すると触手を自ら切り落としてしまいます。切り落とされた触手は単独で発光するので、捕食者はそちらに気をとられ、そのすきにクラゲ本体は逃げるという、発光とおとり作戦の合わせ技を使います。トカゲがしっぽを切って逃げるのと似ていますね。カイアシ類の1種のガウシアもおとり作戦を使います。ガウシアは発光液を発射しますが、その発光液はガウシア本体とは違うところ

●ムラサキカムリクラゲ

で、まるで打ち上げ花火が開くように閃光を放ち、外敵を撹乱《かくらん》させることが知られています。

光の罠

驚かすためではなく、相手が不利な状況になるような発光をするものもいます。単細胞生物の渦鞭毛藻類《うずべんもうそうるい》は、天敵であるカイアシ類が近づくと発光し、その発光でカイアシ類の捕食者にカイアシ類の存在を知らせます。こうすることで、自分がカイアシ類に襲われる前に、別の生物にカイアシ類を襲わせ、生き延びているのです。

また、ナマコの1種であるオヨギナマ

●ニジクラゲ

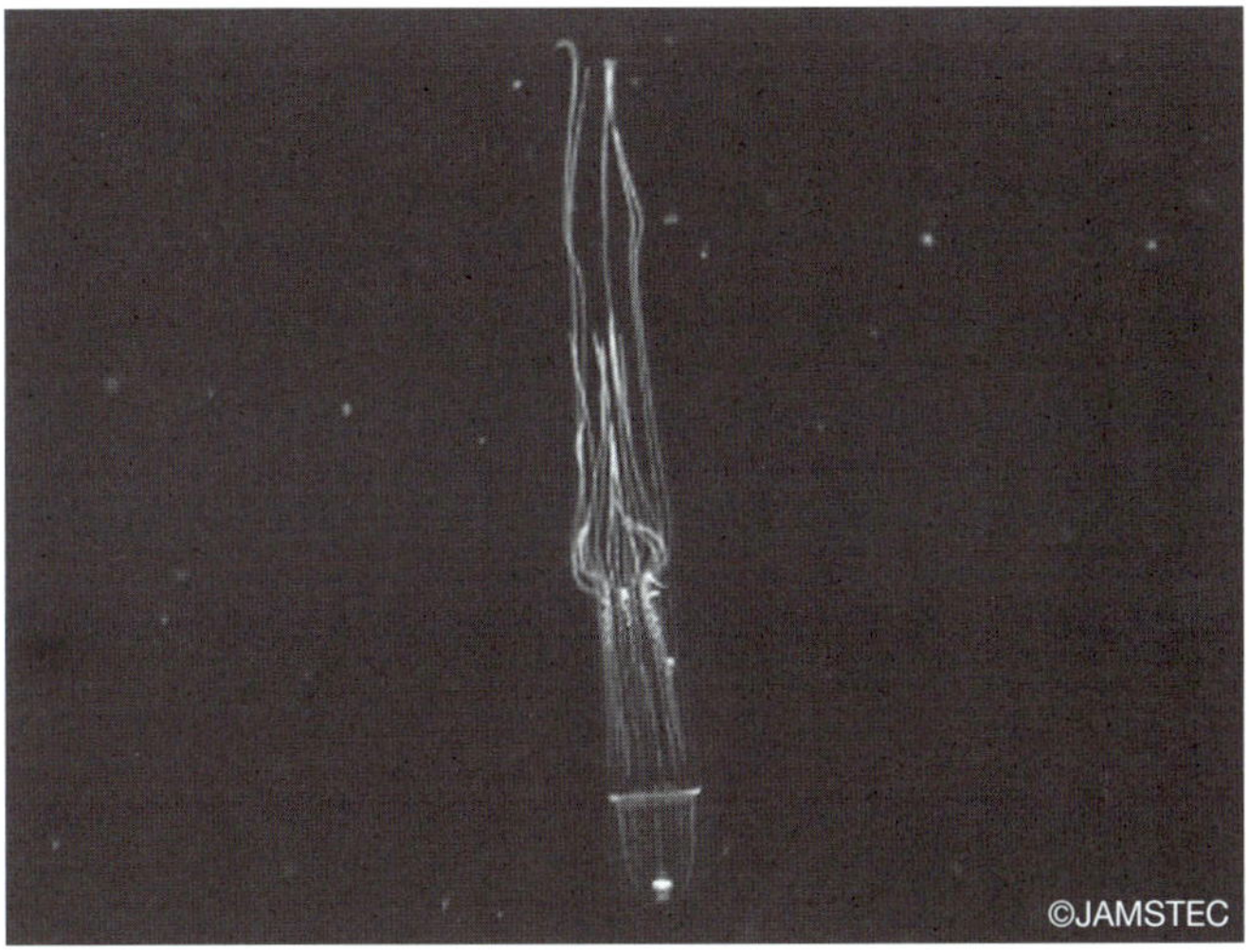

コのユメナマコは、ゼラチン質の体を持っていて、外皮には発光物質をつくるたくさんの顆粒状のもの（顆粒体）があります。外敵がぶつかると、その刺激で発光物質が放出されて閃光を放ち、相手をびっくりさせるのです。さらに、ユメナマコの外皮は、はがれやすく粘着性があります。はがれた表皮は光の煙幕のようになってユメナマコの姿を隠すとともに、襲ってくる外敵に付着し、外敵がほかの外敵に襲われる危険性を高める効果を持っています。ユメナマコは、1〜5日ではがれた表皮を再生するそうです。

最後の方法は、発光液を噴出して、明るい光の煙幕をつくる方法です。先ほど紹

ユメナマコ

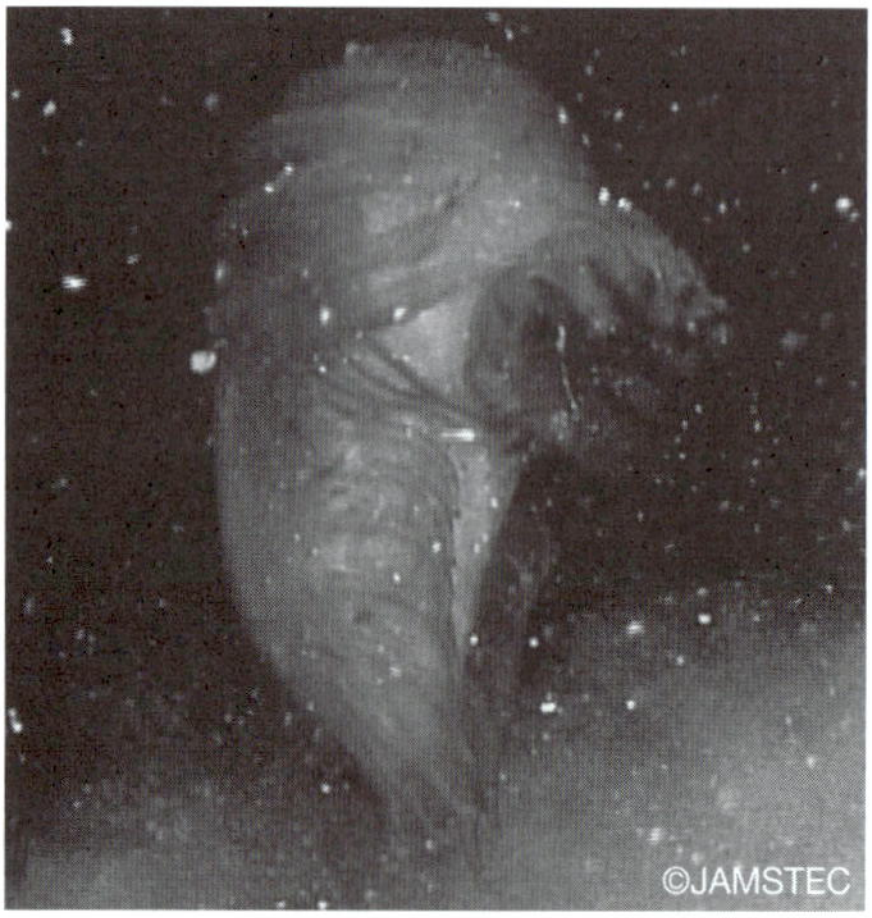

介したガウシアは、煙幕をつくるという意味ではこの方法と同じです。ミノエビの仲間は、外敵に襲われると口から発光液を噴出して逃げていきます。また、ダンゴイカの仲間は発光液を混ぜ合わせた墨を吐いて逃げていきます。

コウモリダコは、外敵を感知すると足の先端にある発光器が青色に発光し、さらに何らかの刺激を受けると、発光物質を放出して光の煙幕をつくります。外敵に襲われたときには、俗にいうタコの頭にあたる外套膜《がいとうまく》の先端にある、大きな2つの発光器を強く光る目のように出して外敵を驚かせ、さらに足をすべてまくり上げて足の先端の発光部位を光らせ、頭

●コウモリダコ

部と外套膜を包み込む防御姿勢をとることが観察されています。

獲物を引き寄せる深海生物

発光には、外敵から身を守る以外の使い道もあります。代表的なのが餌の誘因です。チョウチンアンコウを例に見ていきましょう。

チョウチンアンコウの仲間は、背びれの先端が長く伸び、その先端に発光器を持っていて、これをルアーとして使っています。チョウチンアンコウの生息域では、マリンスノーに繁殖した発光バクテリアが発光し、それを食べる小魚がいます。チョウチンアンコウは、発光するマリ

●チョウチンアンコウのルアー

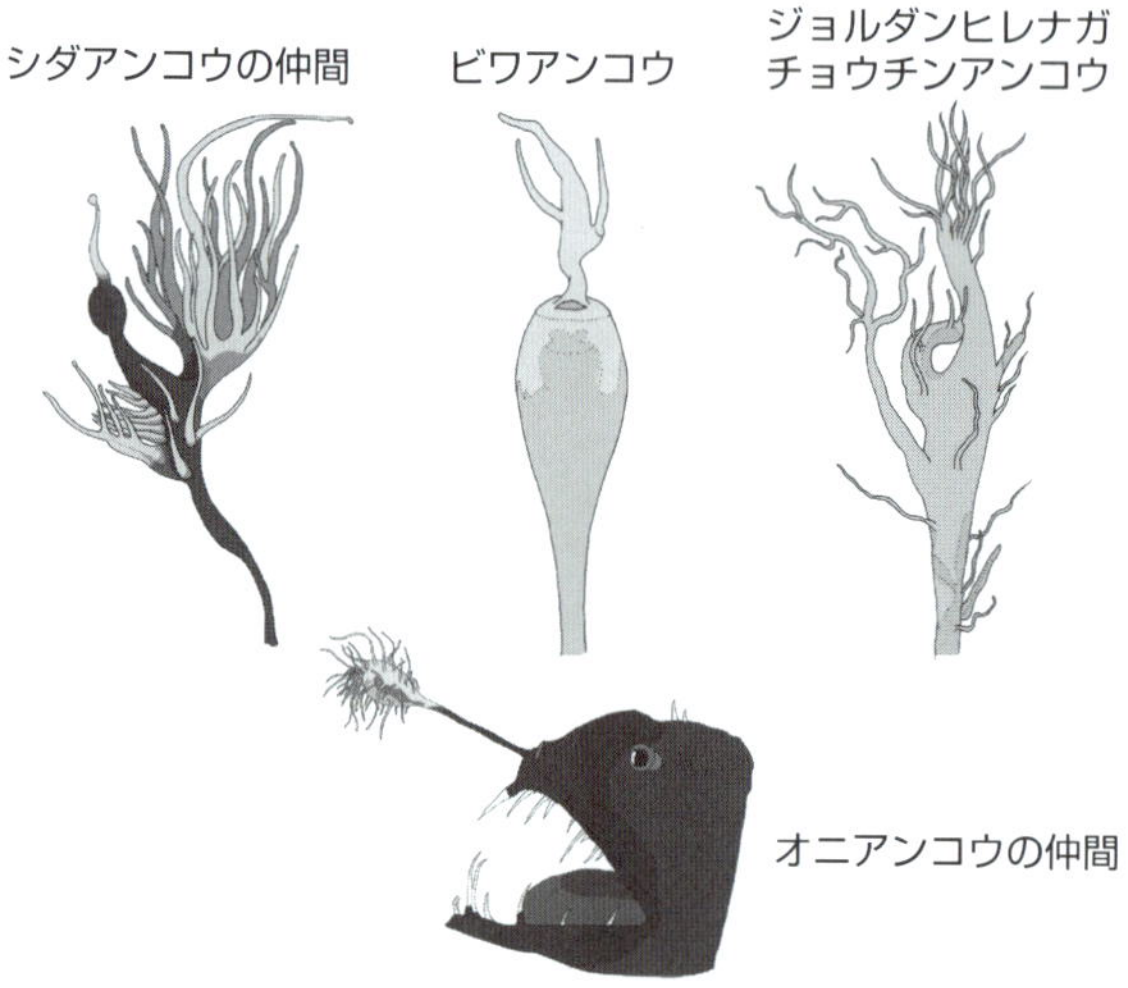

ンスノーのように自分の発光器を操って小魚をおびき寄せ、大きな口でひと飲みにします。また、ホテイエソ類は顎の下に発光するルアーを持ち、ホウライエソ類は背びれの先端が長く伸びて先端に発光器をつけたルアーがあります。

ほかにも面白い方法で餌をおびき寄せる生物がいます。ダルマザメは、ノコギリのような歯を持ち、吸引しながら回転して、自分よりも大型の生物の肉を丸く食いちぎって食べるという捕食方法を持っています。捕食した跡が、クッキーの型抜きのようにきれいに食いちぎられるので、別名クッキーカッターともいわれています。このダルマザメは、腹部全体が発光するのですが、ちょうど喉の辺りだけ発光しない部分があります。自分の体を完全に隠すカウンターイルミネーションの考え方には合わないのですが、これは逆に、発光しない部分を目立たせていると考えられています。この部分を目立たせることにより、ほかの大きな魚が小さな魚と間違えて寄ってきたところを、ダルマザメが食いつくという戦略をとっているようです。

見えない光を利用する深海生物

深海生物は赤い光を見ることはできません。しかし、ほかの種には見えない赤い光をわざわざ使う魚類がいるのです。オオクチホシエソ属、クレナイホシエソ属やアゴヌケホシエソ属の仲間がそうです。これらはほかの魚類と同様に青系の光を出していますが、赤色のフィルターを通すことで、光の色を赤くしているのです。では、これらの生物は何のために赤い光を使っているのでしょうか？

　これらの魚類は赤色を認識でき、ほかの生物には見えない赤色のサーチライトを使って獲物を探します。そして、ムネエソなどの銀化※している魚類や、シンカイエビなどの赤色の甲殻類から反射する赤色を感知して、そっと獲物に近づき捕食します。見えないレーザーポインター

●サーチライトを持つ魚類

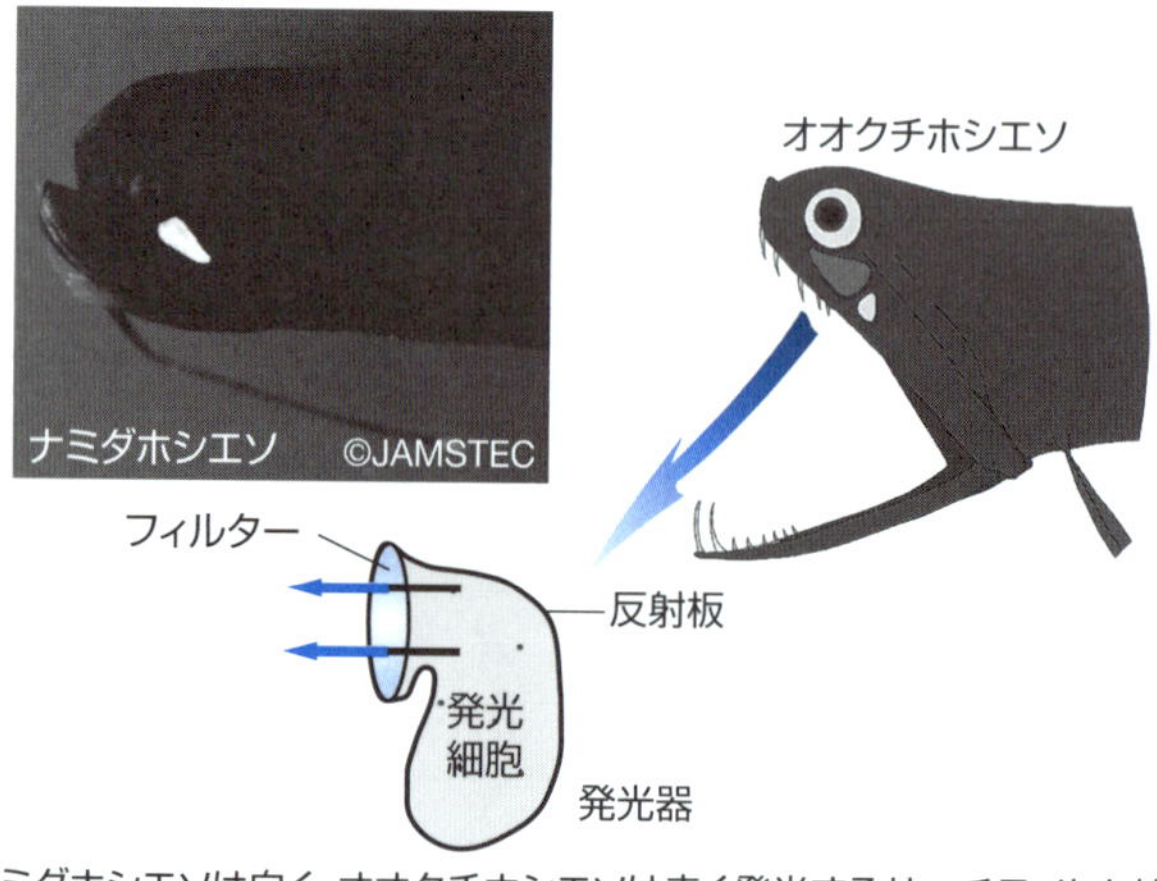

ナミダホシエソは白く、オオクチホシエソは赤く発光するサーチライトを持つ

銀化…体を銀色にすること。水面から降り注ぐ光を反射して光の中に溶け込むことができ、外敵に見つけられにくくなる。

を知らないうちに照射されているようなものですから、おそろしいことをする生物もいるものですね。

出合いを求める深海生物

Chapter5でも少しお話ししましたが、光は異性と出合うための手段でもあります。すでに紹介したように、チョウチンアンコウは餌をおびき寄せるのに光るルアーを使いますが、ルアーを持っているのは雌だけです。雄はこの光を頼りに、雌を探していると考えられています。しかし、雄がどうやって雌に食べられないように接近しているのかなど、よくわからないことがまだたくさんあり

●イバラハダカの雌雄による発光器の違い

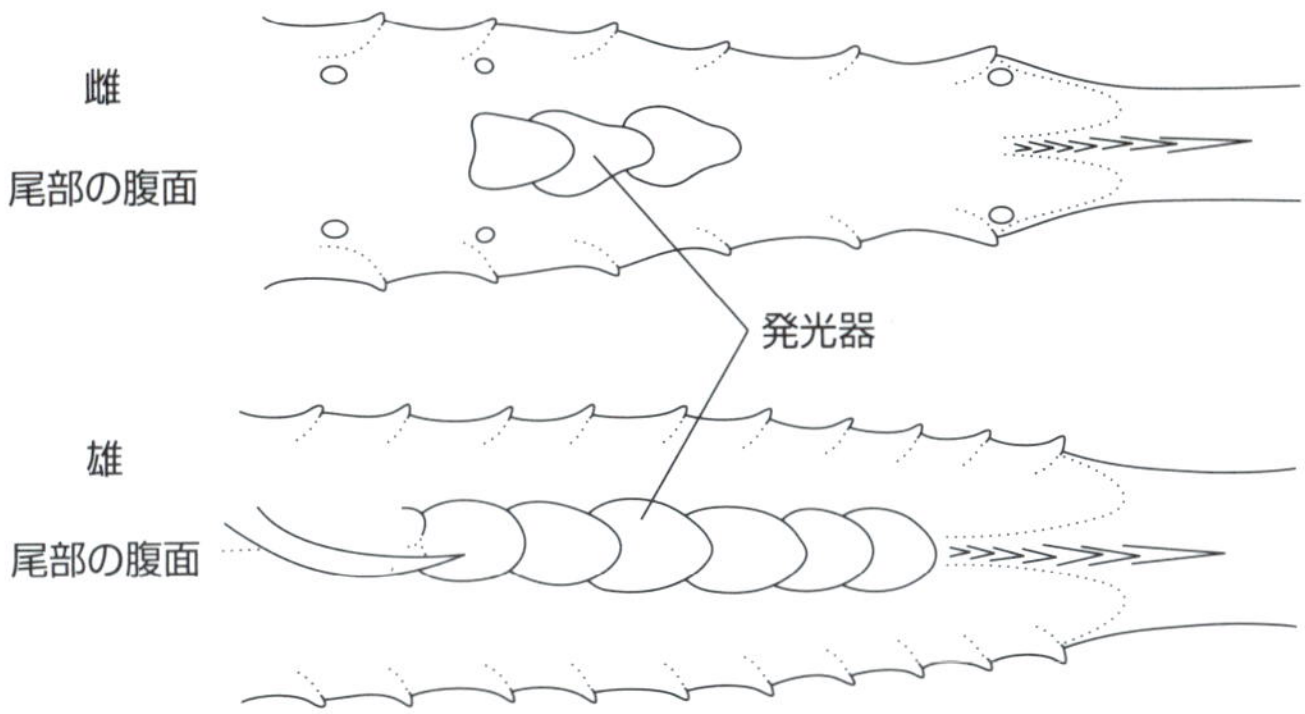

ます。中・深層に多いハダカイワシの仲間は、腹側にある発光器をカウンターイルミネーションに用いています。しかし、カウンターイルミネーションには関係ないような頭部や尾などにも発光器があり、雄と雌で発光器の位置やサイズが異なる場合があります。イバラハダカの雄は、尾部の背面に、雌は尾部の腹面に、それぞれ形態も数も違う発光器を備えています。こうした違いの謎は、これから解明されていくことでしょう。

Section 25

闇が深海生物に与えたもの

なぜ光り始めたか？ 進化の過程を探る

ルシフェリンなどの獲得

発光生物は脊椎《せきつい》動物の魚類、そして無脊椎動物の広範囲の門《もん》に見られることをお話ししました。しかし、同じような種でも発光するものとしないものがばらばらに存在しており、これまで発光していなかった進化系統の生物群の中でも、いきなり発光するものが出てくることがあります。このことは、ある1つの発光生物から、発光能力が代々受け継がれてきたわけではなく、それぞれの種で独立して偶然、発光能力を獲得して、進化してきたと思われます。発光能力を身につけるためには、ルシフェリンとルシフェラーゼを持っていることが条件になるので、発光生物の進化の謎は、まずこれらの物質をよく知ることから始めなければなりません。

ルシフェリンとルシフェラーゼが進化の過程でどのように獲得されてきたのかにつ

いては、さまざまな議論がなされています。

ルシフェリン—ルシフェラーゼ反応は、Ｓｅｃｔｉｏｎ23で述べたように、ルシフェリンの酸化によって反応が起こって発光しますが、実は酸素と物質を結合させる酵素というのが私たちの中にもあります。オキシゲナーゼと呼ばれるこの酵素は、ルシフェラーゼのもとになったと考えられています。

また、ルシフェラーゼは過酸化水素などと結合しやすい性質があるようです。過酸化水素は、私たちの細胞内などでも発生し、細胞内の物質などを酸化分解してしまいます。この力を利用したのがオキシドールという消毒液で、過酸化水素の力で傷口のばい菌を消毒します。消毒すると泡がたくさん出ますが、これは体内にあるカタラーゼという酵素が過酸化水素に働いて、過酸化水素を無毒な水と酸素に分解しているのです。体内に余分につくられてしまった過酸化水素は体に毒ですので、それを分解するのが、カタラーゼです。酸素濃度の高い浅い海ではなく、酸素濃度の低い深海に適応してきた深海生物では、カタラーゼと同じような働きをするルシフェリンは、発光するほうへ変化してきたかもしれないともいわれています。

近年、ホタルが持つルシフェラーゼが脂肪酸ＣｏＡ合成酵素活性を持っていることがわかってきました。脂肪酸ＣｏＡ合成酵素は、すべての生物が持っている脂肪代謝に関わる遺伝子からつくられる酵素です。このことから、すべての生物が持っている一般的な酵素から、発光という特殊な能力を持たせるルシフェラーゼが進化したという面白い説が出てきています。

発光の仕組みでお話ししたオワンクラゲのように、自らルシフェリンをつくることのできる生物を捕食することによってルシフェリンを得るという獲得ルートがあります。おそらく、発光生物は発光物質を持っている生物を捕食し、その発光物質を再利用できるような機構を持っているのでしょう。これまでの研究で、海洋発光生物の発光物質として最も広く使われていることが明らかになったのがセレンテラジンです。多くの発光生物が、このセレンテラジンを餌からとっているということがわかっていたのですが、何がこのセレンテラジンをつくっているのかは謎のままでした。しかし、最近ようやく、数も量も非常に多いカイアシ類の仲間のメトリディア・パシフィカ（*Metridia pacifica*）が、セレンテラジンを合成していることがわかってきました。このように、セレンテラジンを持ち、かつ生物量の多い餌生物が食物連鎖の中で礎となり、生物発光の広がりを担っているのだろうといわれています。

光の有無が深海生物の進化に与えた影響

発光生物は、陸や海を問わず存在していますが、洞窟や深海などの暗い環境で特に多く生息しています。

深海においては、暗ければ暗いほど発光生物が多いわけではなく、少し明るいほうが発光生物は多くなります。ここまで読み進んできた読者ならおわかりだと思いますが、中・深層で青い光が届く、水深1000メートル辺りのトワイライトゾーンで、発光生物は多くなります。発光の形態も、カウンターイルミネーションやチョウチンアンコウのルアーなどさまざまに分かれています。

ここまで見てきたように、自分で発光できる生物もいれば、発光バクテリアを共生させて、それによって発光する能力を得た生物もいます。光のない深海で、光を発する器官、光を受ける器官を独自に発達させてきた深海生物は、日の光にあふれた世界にいる私たちよりも、光の世界に深く浸っているのかもしれません。

Chapter. 7
未来の深海生物

©新江ノ島水族館

Section 26

5回もの絶滅危機を生き延びた深海生物

地球の環境変化が与えた生物への試練

生命誕生による酸素の出現

地球が生まれてから46億年にもなります。できたばかりの地球は高温で、とても生物が棲めるような環境ではありませんでした。しかし地表が冷えて雨が降り、海ができると、コアセルベートやミクロスフェアと呼ばれる、袋状の細胞のような生物の原型のようなものができ、40億年前にようやく生命が生まれたといわれています。そのころの地球には酸素がなく、嫌気性の単細胞生物が大半でした。嫌気性とは、酸素を使わないで呼吸をする生物の性質をいいます。これらは、海に蓄積された有機物を食べて生きる「従属栄養型」の生物でした。従属栄養型とは、栄養を自らつくらずに、他の生物がつくった栄養を食べたり吸収したりして、栄養を調達するということです。嫌気性の生物が行う呼吸(嫌気呼吸)では、酸素を使わずに有機物を分解してエネルギーを得、副産物として二酸化炭素が出てきます。その結果、二酸化炭素も増加するようになってきました。

そのうちに、この増加した二酸化炭素と水を用いて自ら栄養をつくる、シアノバクテリアのような生物が増えました。これらの生物は光合成を行って、副産物として酸素を排出したため、酸素が大気中にどんどん蓄積されていくこととなりました。

酸素は酸化力が強い、すなわち、物体を錆びさせやすい物質です。周囲の酸素が多すぎたり、活性酸素のような酸化力の強い物質ができてしまうと、生物の体も酸化されてしまい、細胞やDNAに障害を与えたり、老化を促進したりと体によくありません。前章でお話ししたように、体の中の活性酸素を無毒化するカタラーゼなどの酵素があるのもそのためです。嫌気性生物は酸素のある環境で生きることができないため、現在では酸素の少ない環境に追いやられてしまっています。

さて、光合成を行って自ら栄養をつくる独立栄養生物が増えてくると、地球上には酸素はもちろん、栄養となる有機物も増えてきます。そうすると、酸素はいろいろな物質と反応しやすく反応性がよいことから、嫌気呼吸をするよりも酸素を使った好気呼吸(酸素呼吸)をして効率よくエネルギーを取り出せる、従属栄養型の生物が出現してきました。好気呼吸は嫌気呼吸の19倍ものエネルギーを生み出すことができます。その後、酸素はどんどん大気中に増えていき、大気の約20%という現在の酸素濃度になっていったと考えられています。

酸素の蓄積が生み出した変化

この酸素の蓄積により、大きな変化が地球に現れました。酸素は酸素原子が2つ結合している酸素分子（O_2）の形で存在していますが、3つ結合するとオゾン分子（O_3）になります。このオゾンは、太陽光に含まれる紫外線を遮断する働きがあります。オゾン分子からなるオゾン層ができたのです。

紫外線にもさまざまな種類がありますが、中には生物にとって有害なものもあります。それは、紫外線殺菌といって、食品の殺菌やさまざまなものの消毒に使われています。私たちが夏、太陽の光をずっと浴びていると日焼けするのも、紫外線から身を守るためです。

この紫外線を、大気の上空にあるオゾン層が遮断したために、生物が浅い海や陸上にも進出できるようになりました。その後は陸上に植物が進出し、両生類が陸上に進出し、草原ができ、林ができ、森ができるとともに、は虫類の恐竜が繁栄し、鳥類、ほ乳類が進化して現在に至っています。

しかし、現在に至るまでには、地球規模のさまざまなイベントが起きています。その中でも、生物にとって大きな節目となる生物の大量絶滅が5回ありました。現在生きている生物たちは、その祖先が5回の絶体絶命の危機を乗り越えた成果なのです。今、環境問題が大きな問題になっていますが、過去にどのようなことが起こってきたのかという歴史を見ることで、こうした環境問題をより正確に見ることができ、未来を予測できます。

ここでは、過去の生物の大きな危機について見ていきたいと思います。

スノーボールアース

古生代以前の原生代(約25億年前～約5・42億年前)には、とてつもない規模の氷河期が到来したとされています。地球全部が丸ごと凍ってしまう「スノーボールアース(全球凍結)」というイベントで、約23億年前、約7億年前、約6・5億年前の少なくとも3回は起こっているとされています。スノーボールアースになると、地球上がすべて氷に覆われてしまうので、海も凍ってしまうはずです。一説では水深1000メートルくらいまでは凍っていたといわれています。しかも、氷河期になると、海から蒸発した水蒸気はすべて雪になり、陸上に氷河となって蓄積されるので、海の水はどんどんなくなり、陸地に対する水面の位置(海水準)が下がる海退が起こります。そのうえ、水深1000メートルまで凍結するような寒冷な気候の中で、生物は生きていけるのでしょうか?

過酷な状況下でも実際に生き延びた結果として、私たちが今生きているのですから、スノーボールアースを免れた生物がいるはずです。水深1000メートルよりも下は結氷しておらず、海水が残っていたと思われます。しかし、海水が凍ると海水の水分だけが凍ってゆき、塩分は残ってしまうので、かなり塩分が高い海水だったと思われます。また、深海底には熱水噴出域を擁する海底火山があります。そこではやはり温度はかなり高く、周辺の水温は10~20℃くらいだったはずです。こうしたことから考えると、スノーボールアースの時期には、深海の生物が生き残ったのではないでしょうか?

スノーボールアースになってしまうと、地球は雪と氷で真っ白になり、太陽光を反射してしまうので、太陽エネルギーも吸収できずに寒いままです。この状況を打ち破ったのが、地球の力、すなわち火山の噴火だったと考えられています。深海底の海底火山も活躍したと思われますが、火山の噴火により、火山性ガスの1つである二酸化炭素が大量に出てきます。温室効果を持つ二酸化炭素が蓄積したことにより、気温が上昇し氷が溶け、スノーボールアースを抜け出たと考えられています。

面白いことに、すべてが凍ったスノーボールアースが去った後には、大気の酸素濃度が高まり、生物進化が促されていたようです。1回目のスノーボールアースの後では真核生物※、3回目のスノーボールアースの後では多細胞生物が出現し、カンブリア紀へと続きます。カンブリア紀は、さまざまな生物の出現で多様化が一気に進み、すべての無《む》脊《せき》椎《つい》動《どう》物《ぶつ》門《もん》が出揃い、「カンブリア爆発」と呼ばれる一大イベントがあった時代です。この時期の生物の特徴としては、三葉虫やアノマロカリスのように目が発達した生物が出現したことが挙げられます。目ができることで、捕食－被食の関係も複雑になり、さらに適応進化が進み、その中で固い殻を持った生物も出現したと考えられています。

過去5回の大量絶滅

大量絶滅と聞くと皆さんは、恐竜の絶滅のことを思い浮かべるのではないでしょう

真核生物…膜に包まれた細胞核を、細胞内に持つ生物のこと。真核生物以外の生物は、原核生物という。

か？　先ほど述べた大量絶滅の中で、最後の5回目の大量絶滅が、この恐竜の絶滅です。この5回については、最初が古生代のオルドビス紀末で85パーセントの種が絶滅、2回目はデボン紀末、3回目がペルム紀末で90〜95パーセントの種が絶滅、4回目が中生代三畳紀末にあり、そして5回目が白亜紀末になります。これらのことを詳しく説明すると長くなりますので、海に関するところだけお話ししていきたいと思います。

寒冷化や温暖化は生物全部に関わる問題ですが、中でも海退と、氷河が溶けることで海水準が上昇する海進が、海の生物に大きく影響します。地球が寒冷化し、氷河が発達し始めると、スノーボールアースと同じく、海水準が下降して海退し、陸上部分が増大します。海退してしまうと、移動能力のほとんどない底生生物※は干からびて死んでしまいますが、一方で移動可能な生物は、海退とともに移動して生き延びることができます。寒冷化と海退の後、火山活動などの影響で二酸化炭素が増加して温暖化が始まり、氷河が溶け出すと、そのときに陸上にあった栄養塩などが一気に海へと運ばれます。その結果、温暖な気候と栄養塩が生まれ、植物プランクトンが大増殖するのです。それらは増えるだけ増えて死んでしまった後、海底に沈みます。沈んだ植物プランクトンの死骸は海底でバクテリアなどによって分解されますが、このときにバクテリアが大量に

底生生物…水底や、岩などの基質に付着して生活する生物のこと。ベントスともいう。生活型で区分され、浮遊して生活するものは浮遊生物（プランクトン）、泳いで生活するものは遊泳生物（ネクトン）という。イソギンチャクや貝類のほか、カレイやヒラメ、カサゴといった水底にいる魚類もベントスになる。

酸素を使うことで海底は無酸素状態になり、酸素呼吸する生物は棲めなくなってしまいます。せっかく海退から生き延びても、ここでまた絶滅への危機に瀕します。さらに海進により、この無酸素の海水が一気に海全体に広がってしまい、海全体が無酸素になってしまうイベントが起こります。無酸素になると猛毒の硫化水素も発生しやすくなってしまい、無酸素と硫化水素のダブルパンチで生物は生きていけないでしょう。このイベントは「海洋無酸素事変」と呼ばれ、海の生物にとっては絶体絶命の危機でした。

さらに近年では、オルドビス紀末に起こった1回目の大量絶滅に「ガンマ線バースト」という現象が関わっていた可能性があるとも報告されています。この現象は、ガンマ線が数秒から数時間の間、上空から閃光のように降り注ぐ現象です。地球の近くの恒星が爆発してガンマ線バーストが起こったため、地球のオゾン層が破壊され、大量の紫外線が地球上に降り注ぎ、浅いところに棲む生物が死滅したと考えられています。

こう考えると、スノーボールアースや大量絶滅の時期において、生き延びた海の生物は、海退にも海進にも影響されず、強い紫外線にもさらされることのない深海に棲んでいたのかもしれません。深海生物はもともと寒冷で餌の少ない、低酸素の環境に生きていたので、過酷な環境でも生き延びられたのでしょう。

海底の熱水噴出域で生命が生まれたという説も多々あります。熱水噴出域も硫化水素があり、貧酸素の場所です。このような環境で生きていたものが、生き残ったのかもしれません。

Section 27

地球温暖化が及ぼす深海生物への影響

わずかな水温変化が深海の生態系を変える

地球温暖化の原因

地球温暖化の原因は温室効果ガスです。温室効果ガスは、先の大量絶滅のところでも出てきた二酸化炭素やメタンのほか、一酸化窒素や人工化学物質のフロンもあります。二酸化炭素の場合を1とした温室効果ガスの強さを示す温室効果計数は、メタンが23、一酸化窒素が296、フロンが数千から1万となっています。これだけ見ると、二酸化炭素にそれほどたいした温室効果はないと思いがちですが、二酸化炭素はほかの温室効果ガスと比べて莫大な量があります。地球温暖化は、この二酸化炭素の増加が主な原因なのです。その増加に関しては、私たち人間の活動がかなりの影響を与えています。直接的な原因として化石燃料の燃焼や、間接的な原因として二酸化炭素を吸収する役割を持つ森林の伐採などがあります。

メタンの約4割は生物などの自然起源の活動により生み出され、そのほかはすべて人間活動が原因です。近年、日本周辺の深海底に天然の燃料資源である氷に包まれたメタンであるメタンハイドレートという天然の燃料資源が大量にあることが明らかになり、このメタンハイドレートを採掘するための調査が行われています。メタンハイドレートは、エネルギー資源の少ない日本の救世主になるかもしれません。しかし、深海底に眠るメタンハイドレートの周辺には湧水域のような化学合成生態系が形成されていて、シロウリガイの仲間など固有の生物たちが生息しています。採掘に当たってはこのような生態系の保全も考え、さらに採掘後もメタンを漏らさないようにし、メタンハイドレートからエネルギーをつくるときの二酸化炭素の排出などについても考慮していかなければなりません。

フロンに関しては、完全に人工合成物なので、私たちの活動によるものが100パーセントです。フロンは主にクーラーなどの冷媒やスプレーなどに使われてきました。フロンは温室効果を持っているだけでなく、紫外線を遮るオゾン層を破壊する効果も持っています。

温暖化が進むと

地球温暖化が進むと、極域の氷が溶けてしまいます。氷河も溶け川から海へと大量の真水が注ぎ込まれることによって海水の塩分が薄まり、温暖化の影響で水温も高くなってしまいます。そうなると、Chapter2で述べた海洋大循環における深層循環（熱塩循環）の引き金となる、最初の海水の沈み込みの力が弱くなってしまいます。沈み込みが弱くなると、表層で酸素をたくさん含んだ海水が深海へと供給されなくなってしまいます。深海は低酸素状態になり、最悪の場合、無酸素状態になってしまい、好気呼吸をする深海生物は棲めなくなってしまいます。特に移動能力のほとんどない底生深海生物は、無酸素になってしまうと死んでしまうでしょう。この悪循環はどこかで見ましたね。そうです、Section26の大量絶滅のところで紹介した海洋無酸素事変によく似ています。地球は今、この海洋無酸素事変に向かっているのかもしれません。

現在、実際にこの深層循環がすでに弱ってきており、1957年と2004年で海水が沈み込むスピードを比較すると、実に30パーセントも落ち込んでいるとされます。また、深層水の水温も1961年から2003年までの観測で、水深700メートルまでの部分で平均すると0．1℃上昇しているそうです。たった0．1℃に思えますが、あの大洋の水を0．1℃上げるとなるととんでもない熱量が必要です。

深海生物は、水温などがほぼ一定の環境に棲んでいます。そのため、年間の気温差が30℃くらいあるところで暮らす私たちにとってはたったの0．1℃でも、深海生物にとってはとてつもない大きな変化です。第5章で説明しましたが、シロウリガイは0．2℃の変化を感じ取り、放卵放精をします。生物が繁殖するのは、生活環境が豊かなときだけではなく、自分の生存に危機が迫っていると感じたときもそうです。自由に動けない生物は特にその傾向が顕著で、危機を感じると放卵放精をして、次の世代がほかの場所に移って生存できるようなチャンスをうかがっているのかもしれません。わずかな環境変化でも深海生物にとっては大きな変化で、その深海生態系に大きな変化をもたらす可能性は十分にあります。

Section 28

水の酸性化に追いやられる深海生物たち

酸性化が及ぼす深海生物への影響

酸性化の原因

大気中の二酸化炭素が増えると、海洋が酸性化することが懸念されています。温室効果ガスの二酸化炭素は大気中の濃度が高くなると海に吸収され、海中の二酸化炭素濃度が高くなると海から放出されます。このことは、海が二酸化炭素の貯蔵庫のような働きをしていることを示しています。二酸化炭素は海に吸収されると、水と反応して水素イオンと重炭酸イオンになります。ここで出てくる水素イオンが海の酸性化の原因です。重炭酸イオンは、海中でさらに水素イオンと炭酸イオンに分かれます。酸性になると、水素イオンが増えるので、逆に炭酸イオンと水素イオンが結合して重炭酸イオンになり、重炭酸イオンはさらに水素と結合して二酸化炭素と水になります。この反応は可逆的で、アルカリ性になると炭酸イオンが増える方向に進行します。すなわち、酸性やアルカリ性になりすぎないように調節されているのです。このために、海の中では酸性雨などで酸性の物質が入っても、なかなか酸性にはなりにくいのです。

海はｐＨ※がおよそ8・2程度なので弱アルカリ性で、炭酸イオン濃度が高くなっています。海の中にはカルシウムイオンがあり、これは炭酸イオンと結合して炭酸カルシウムになります。現在の海はカルシウムイオンと炭酸イオンが十分にある状態なので、余分なイオンはお互いが結合して炭酸カルシウムの状態になっています。また、炭酸カルシウムはサンゴの骨格や貝殻の形などのように、生物によってうまく使われています。

●海は二酸化炭素の貯蔵庫

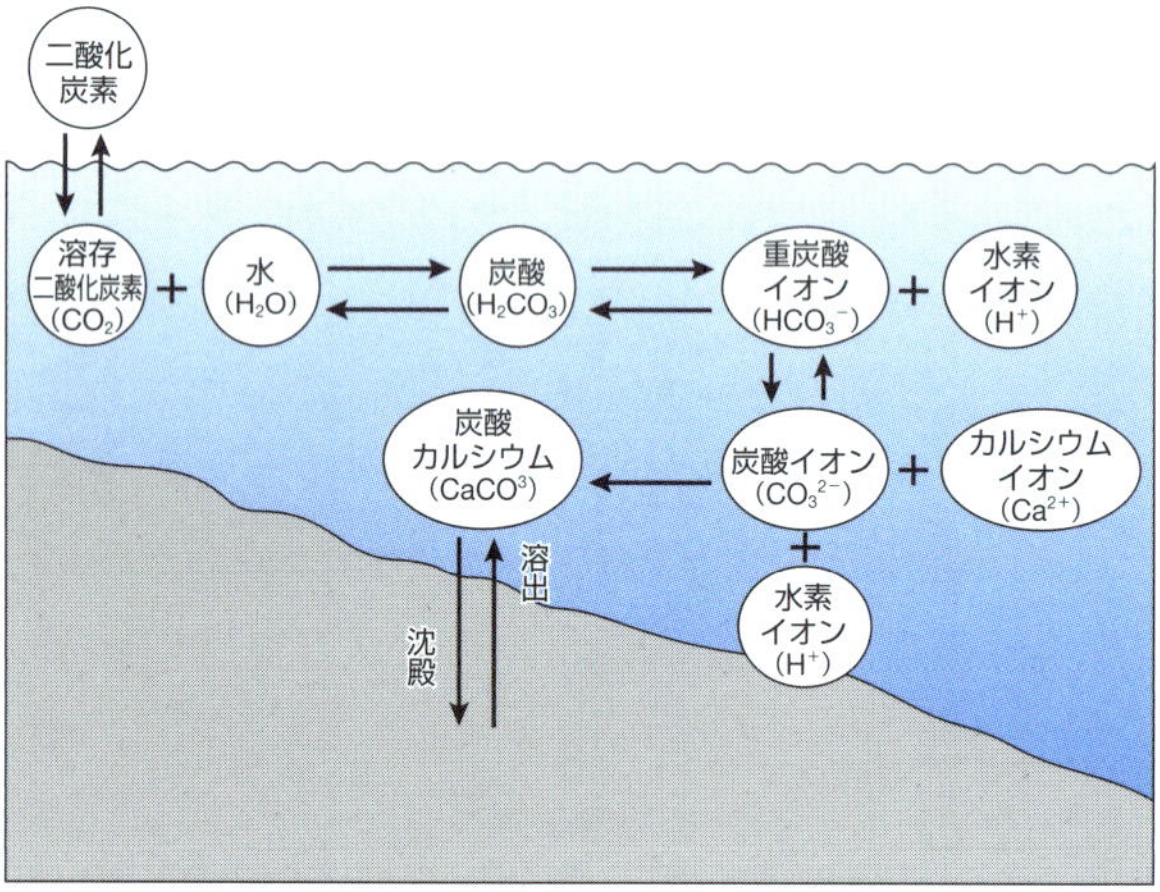

pH…水素イオン濃度指数のことで、酸性、中性、アルカリ性を示す指標となる。pH＝7で中性、7未満で酸性、7より大きければアルカリ性。

大気中の二酸化炭素は、その量も海洋と接する面積も莫大です。そのため、二酸化炭素の増加で地球温暖化が進むと、それと同時に海に吸収されていく二酸化炭素も多くなります。そのため、いくらpHの変動を少なくする力が海にあっても、二酸化炭素が大量に溶け込んでしまうとそれが効かなくなり、海は酸性化してしまいます。産業革命以前、二酸化炭素濃度は280ppm程度でしたが、現在は380ppmとなり、海のpHは8.17から8.06まで低くなっているそうです。pHが1違うと濃度は10倍、2違うと100倍、3違うと1000倍違うことになっています。そう考えると、pHの微妙な変化でもとんでもなく大きな変化が起こっているといえるでしょう。実際に海ではこの酸性化が進んでいるのです。

酸性化が進むと

先ほども触れましたが、海には炭酸イオンもカルシウムイオンも十分にあり、イオンになれない分はすべて固体の炭酸カルシウムになっているといいました。この状態なので、サンゴや貝類は簡単に骨格や貝殻をつくることができるのです。二酸化炭素がどんどん溶けてくると、二酸化炭素は水素イオンと重炭酸イオンをつくります。この水素イオンが増えると、水素イオンを少なくする方向に反応が進むので、炭酸イオンは水素イオンと結合して、重炭酸イオンになってしまいます。そうなると、海中の炭酸イオンがどんどん使われてしまって、海水中の炭酸イオンが少なくなってしまいます。海水中の炭酸イオンが少なくなると、固体の炭酸カルシウムが溶けて、炭酸イオンとカルシウムイオンになって、炭酸イオンを補う反応が進みます。このことはサンゴや貝類の骨格や貝殻が溶けていくことを意味しています。

深海では炭酸塩補償深度というものがありましたが、それよりも深いところでも貝殻を溶かされながらも生きていくことのできる貝類やサンゴ類がいることを紹介しました。しかし、酸性化が進むと、そのようなところに棲んでいない生物が炭酸カルシウムの骨格や貝殻を溶かされてしまうことになります。これまでそのような経験をしていない生物にとっては、酸性化による炭酸カルシウムの溶出はすぐに対処できるものではなく、大問題です。

中・深層には翼足類《よくそくるい》という遊泳性の貝類が生息しています。翼足類というのは通称クリオネと呼ばれるハダカカメガイの仲間です。中・深層は天井も床もない中空の世界だということを以前にお話ししました。そのため、何かに付着していないと生きていけない付着生物にとっては、死の世界だといってていいほどです。しかし、そのような世界にも付着して生きる生物がいます。付着する場所は、まさにほかの生物の体の上です。クラゲは一般的に、その一生の中に浮遊生活するクラゲの世代と、付着生活するポリプの世代があり、その世代を繰り返しています。フワフワと漂っているクラゲの世代を私たちは見慣れていますが、ポリプの世代は1ミリメートル程度の大きさで、イソギンチャクのような形をしています。そのため、どこかに付着して生きなければなりません。

中・深層に生息するアカチョウチンクラゲのポリプも付着場所が必要です。こ

●クラゲの一生

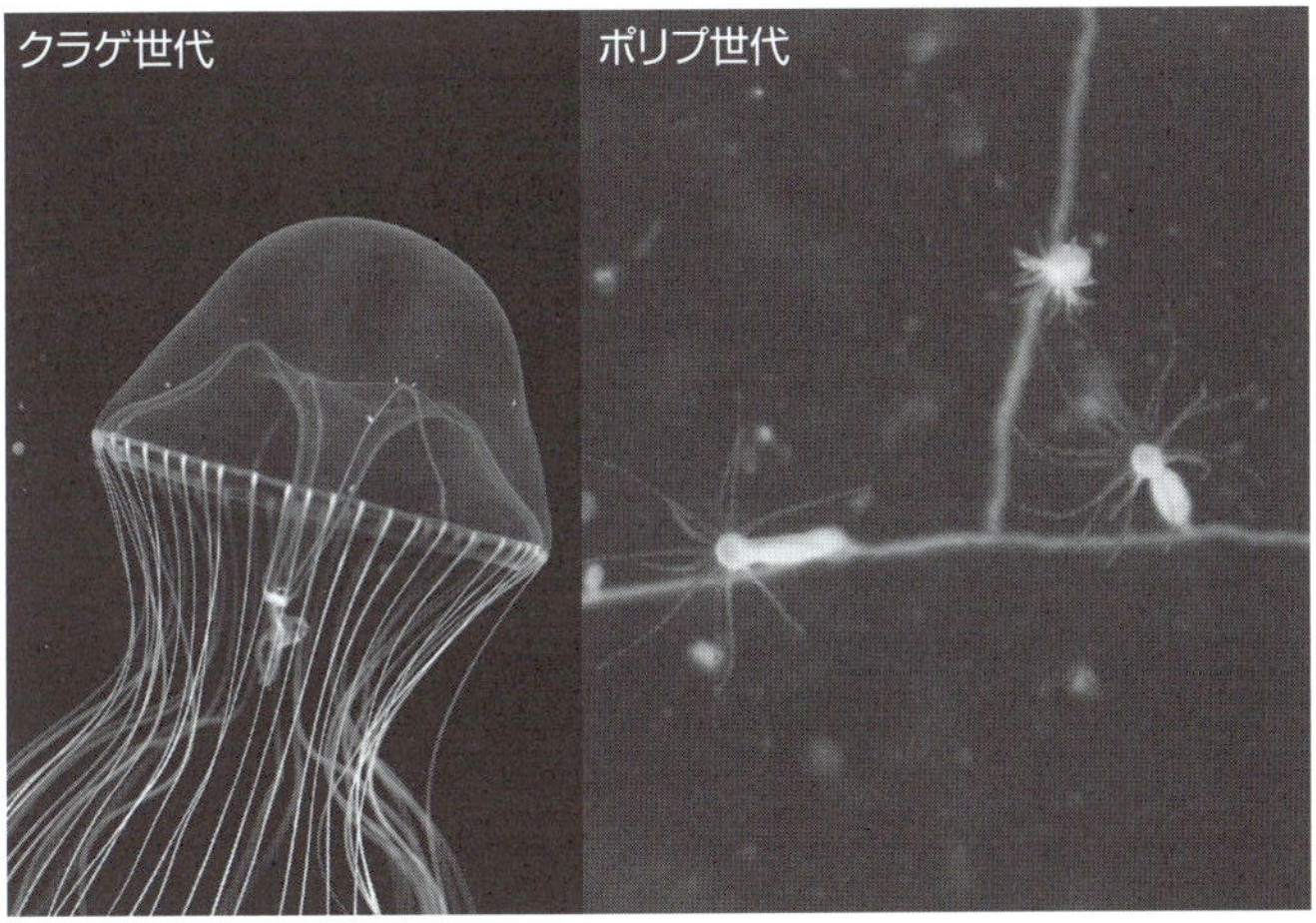

のポリプは、同じ中・深層に棲む翼足類であるウキビシガイの貝殻の上に生息しているということがわかりました。もし、海洋の酸性化が進むと、このウキビシガイの貝殻も溶かされ、ウキビシガイも生息できなくなってしまいます。そうなると、アカチョウチンクラゲも生息できなくなってしまいます。アカチョウチンクラゲにはウミグモの仲間やほかのクラゲのポリプなどが付着しています。アカチョウチンクラゲがいなくなると、ほかの生物も生息場所を失い、絶滅に追いやられる可能性も出てきます。

●ウキビシガイにつくアカチョウチンクラゲのポリプ

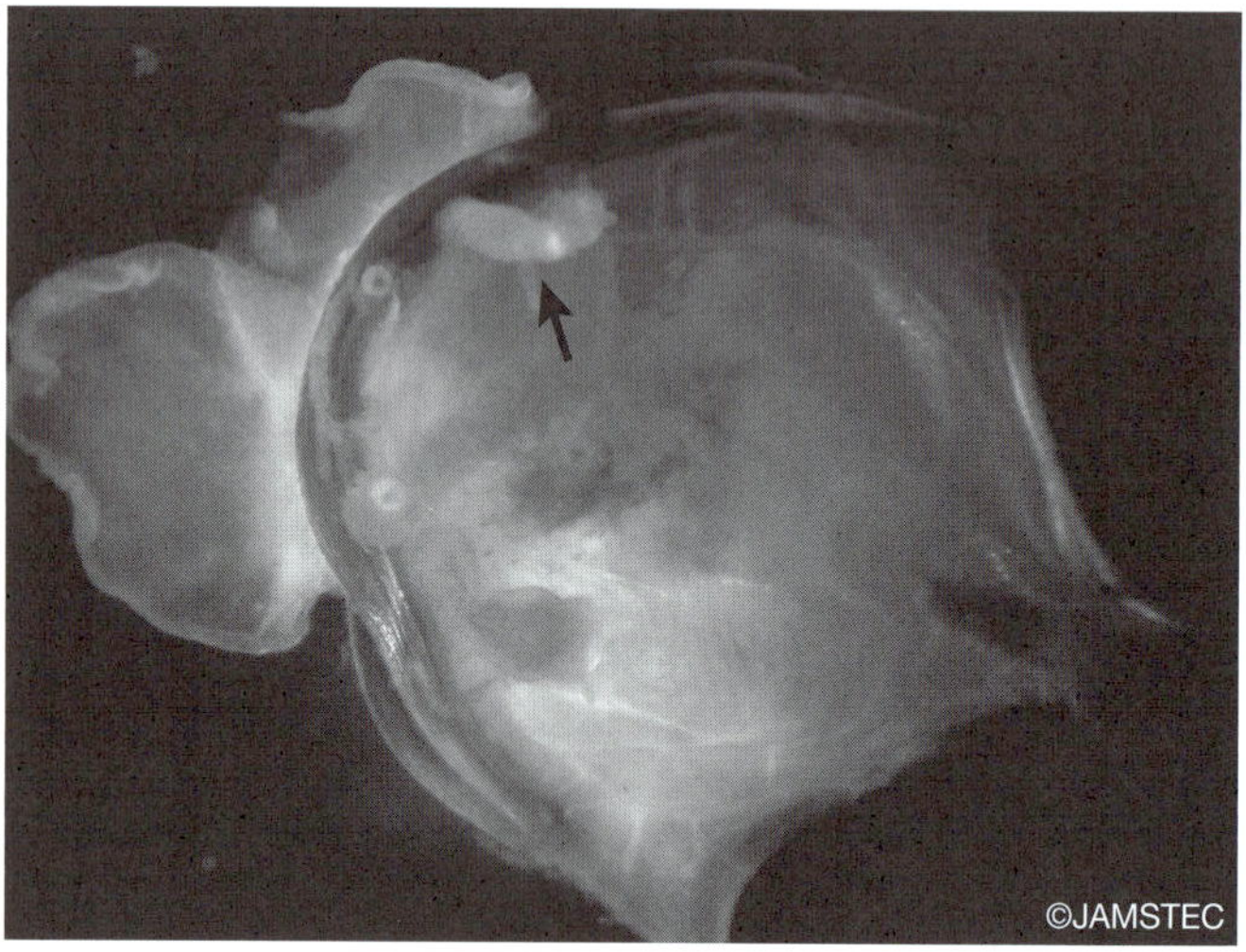

Section 29

私たちヒトと深海生物の未来

私たちの生活が与える深海生物への影響

深海ゴミ

私はこれまで潜水船に乗船したり、無人探査機を使ったりして深海を観察してきました。そこで目にしたものは、図鑑でしか見たことのない中・深層の生物でした。しかし、そこで見つけたものはそれだけではありませんでした。深海底で観察していると、ところどころに見覚えのあるものが落ちているのです。ビールの缶、レジ袋、ビニールの包装、大きなものでは冷蔵庫など、私たちの生活から出てきたゴミが見えるのです。私が行ったことのある最深部は、三陸沖の日本海溝の５４００メートルですが、そこにもビニール袋がありました。

問題は、ゴミが深海にあるということだけではありません。深海のゴミにはさまざまな生物が付着していました。付着生物とはイソギンチャクやフジツボなどのように、硬い何かにくっついていなければ生きることのできない生物です。深海底では硬い岩盤や石、岩が付着基盤になりますが、それ以外には泥や砂が降り積もった砂泥底しかありません。実際に、私は富山湾でオオグチボヤの深海調査を行った際にこの光景に出合いました。オオグチボヤは岩盤が露出しているところに、しっかりと固着して生きていて、泥や砂の上では生存できません。しかし、砂泥底の場所にゴミがあることで、それにオオグチボヤが付着し、成長している光景を何度も見たのです。私たちの生活から出てきたものが、生物の分布を変えているのだとつくづく考えさせられました。

●深海ゴミ

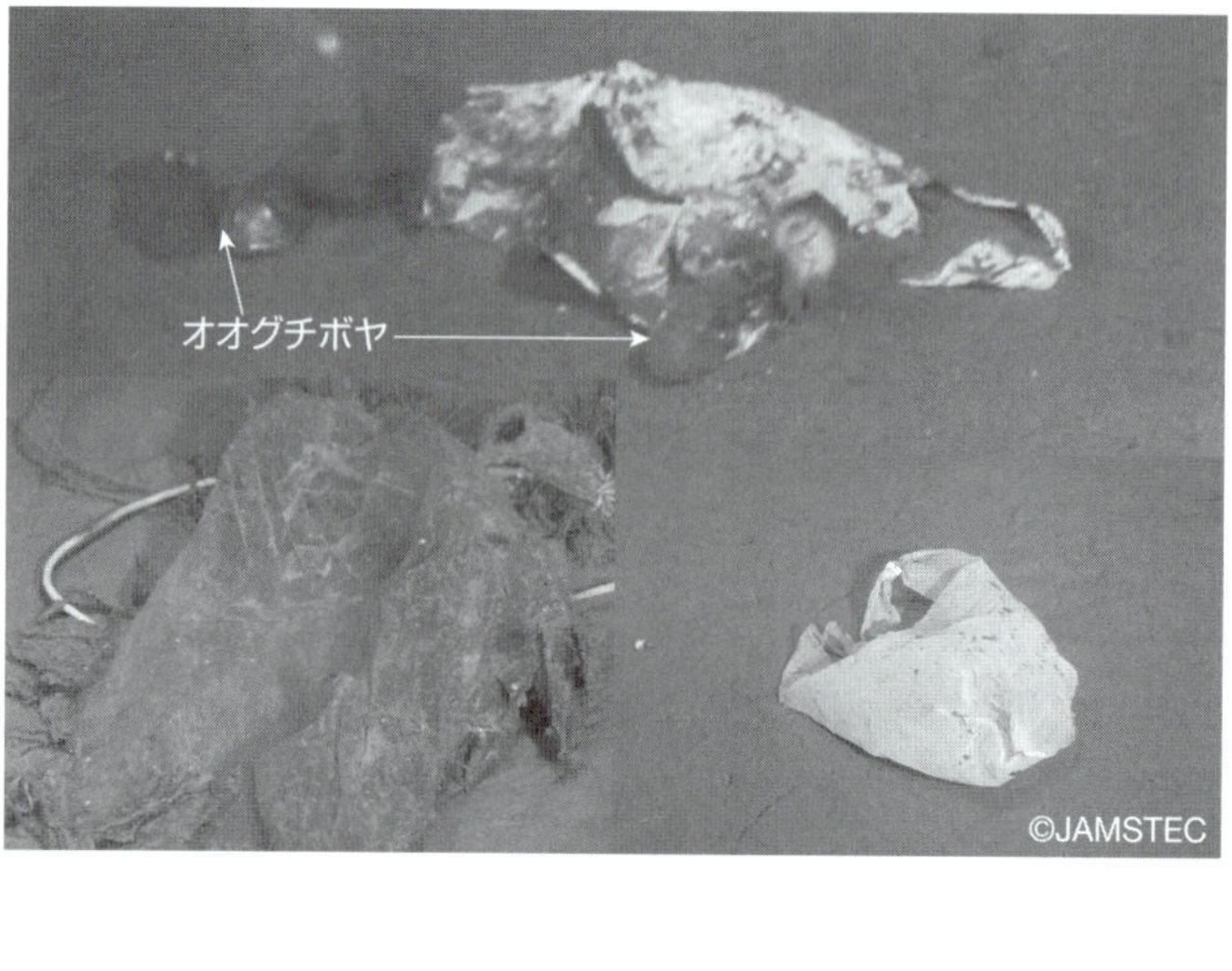

私たちが安易にゴミを海に捨てることで、本来そこにはいないはずの付着生物がいることになり、分布が人為的におかしくなってしまう恐れがあるということを、私たちはもっと真剣に考えなければなりません。

化学物質

私たちは生活するうえで、さまざまな化学物質を合成して使っています。その中にはPCBやPOPsといわれる有害物質もあり、それを故意ではないにしろ大気中や水圏に入れてしまっています。これらの有害物質は、いったん生物の中に取り込まれてしまうと、食物連鎖を通じて、高次の生物へと蓄積されていきます。これは深海においても同様で、沿岸や表層の有害物質は生物ポンプにより、あっという間に深海へと運ばれてしまいます。実際に、深海魚の体内にもDDTやPCB、POPsなどが蓄積していることがわかっています。

また、先に述べたゴミも、同じく化学物質の運び屋になります。特にプラスチックはさまざまな化学物質を吸着する働きがあり、そのうえ微生物によっても分解されにくく、半永久的に残ります。沿岸を漂い、多くの化学物質を吸着したゴミが、潮の流れにより沖合に流され、次第に劣化したり、付着生物が付着して重くなり、沈んで深海底に行き着くと、そこで化学物質の発生源となってしまうのです。

外来種

私たち深海の研究者は、当たり前ですが深海に何とかしてアクセスしないと研究することができません。研究のために、高水圧にも耐えうる潜水船やROVなどさまざまな機器を開発し、今やだいたいの作業が深海でできるような状況になってきています。潜水船やROVによる熱水噴出域の調査では、さまざまな生物を採集したり、熱水噴出域に長時間とどまって作業をしたりします。

このような作業をしていると、採集したサンプルを入れる箱や潜水船などの機械類の隙間に、熱水噴出域特有の生物が入り込むことがあります。深海の研究を行った後は、船上に上がってきた使用後のツールはきれいに真水で洗浄し、潜水船は翌日まで整備されます。

整備の過程ですべてのものは流されてしまいそうですが、それでも一部の生物はどこかに生きる道を見つけたり、極限状況で耐えていたりするものです。ある場所で調査した潜水船の隙間に入り込んだ生物が、別の調査のときにその隙間から抜け落ちて、別の場所で繁殖をしているという事実がわかってきました。

自分たちの手で深海の生態系を変えたのですから、深海を研究する者としては、やってはいけないことをしてしまったわけです。こうした問題は、深海生物の遺伝的多様性を調べるようになってからわかってきたことです。深海の熱水噴出域でも外来種問題が出てきています。

「生物の研究に『絶対』はない」といつも心に言い聞かせてはいますが、それでもこのような事実を知ると、生物の生命力の強さやしたたかさ、しぶとさを強く感じずにはいられません。これからの深海生物研究では、外来種問題もしっかりと心に刻んで研究していかなければなりません。

これからの深海生物

これまでの地球の歴史で生命は、試練が課されるたびに1つの光を見つけて生き延び、繁栄してきました。今このときも深海底の海嶺《かいれい》では新しいプレートが生まれ、海溝では古いプレートが沈み込み、そのうちに大きな地震も起きるでしょう。また、火山が地上や海底で噴火し、火山灰が地球をすっぽりと覆うような大爆発が起きないとも限りません。そうなると、また寒冷化や温暖化が繰り返され、海洋無酸素事変も起こるでしょう。地球は生きているのです。このような繰り返しの中で、深海生物はやはりこれまでどおり生き延びていくのでしょう。

しかし、これはあくまでも自然の現象です。陸上に棲んでいながら深海をのぞき、いじっているのは私たちヒトです。これまでの歴史では考えられない影響を、私たちは深海に与えようとしているのです。人類という単一の種が大きく繁栄することによって、自然を改変し、自然環境を変化させ、その過程でさまざまな生物を絶滅に追いやっています。

そのため現代は「第6の大量絶滅期」ともいわれています。過去の5回の大量絶滅は自然現象によるものでしたが、今回は私たち人類の活動によるものです。この「第6の大量絶滅期」である現代において、私たちは陸上生物や海洋表層の生物だけでなく、深海生物の世界までも変えようとしています。

極限状況に置かれても何とかして生き延びようとするのが生物、生命の素晴らしさです。私はクラゲや深海生物を飼育しながら研究をしてきました。顕微鏡を通したり、直接水槽から生物を観察したりしていると、その生命力に日々驚かされます。こうした生命の素晴らしさと生命の秘密をもっともっと知り、その生命の英知をつかみ取り、そしていつかすべての生物が共存共栄できる世界が来ることを願って、筆を置きたいと思います。

おわりに

本書の企画を受けてから、この本を書き上げることができるのか不安でした。それは、研究の進展が企画の要望にまったく追いついていなかったのです。そのなかでも、皆さんの胸につかえているだろうと思われる疑問について答えるようにしながら、ようやく書き上げることができました。

本書で話してきたなかで、私自身が研究してきたことは、ほんのわずかです。ほとんどすべての内容は、世界中の研究者が少しずつ明らかにしてきたことをまとめたものです。これからも深海研究が進むことで、驚くようなことが発見されていくことを期待していますし、私も発見していきたいと思っています。

この本を書くに当たって、イラストを楽しんで描いてくれた唐澤愛さんと本多志穂さんに感謝します。また、日夜の原稿執筆を理解し、励ましたくれた家族にも感謝します。

最後に本書を企画し、原稿の遅れを編集力でカバーしてくださった株式会社エディポックの財前翔太郎さんに深く感謝します。

協力

イラスト：唐澤　愛（北里大学海洋生命科学部水圏生態学研究室）
本多志穂（北里大学海洋生命科学部水圏生態学研究室）

写真　：朝日田　卓（北里大学海洋生命科学部水圏生態学研究室）
Dhugal Lindsay（独立行政法人 海洋研究開発機構）
岡田典弘（国際科学振興財団／シーラカンス研究所）
窪寺恒己（国立科学博物館）
独立行政法人 海洋研究開発機構（JAMSTEC）
新江ノ島水族館

※本成果の一部はJSPS科研費25430195の助成を受けたものです。

参考文献

Burton, A. (2013) Radiance of the kraken. Frontiers in Ecology and the Environment, 11(2), 112-112.

Castro, P., M.E. Huber (2002). Marine Biology. McGraw Hill Higher Education: 480 pp.

Chapelle, G., L.S. Peck (1999) Polar gigantism dictated by oxygen availability. Nature, 399(6732), 114-115.

Endo, H., N. Nakayama, K. Suetsugu, H. Miyake (2010) A larva of *Coryphaenoides pectoralis* (Gadiformes: Macrouridae) collected by deep-sea submersible from off Hokkaido, Japan. Ichthyological Research, 57(3), 272-277.

Fujiwara, Y., M. Kawato, T. Yamamoto, T. Yamanaka, W. Sato-Okoshi, C. Noda, S. Tsuchida, T. Komai, S.S. Cubelio, T. Sasakis, K. Jacobsen, K. Kubokawa, K. Fujikura, T. Maruyama, Y. Furushima, K. Okoshi, H. Miyake, M. Miyazaki, Y. Nogi, A. Yatabe, T. Okutani (2007) Three-year investigations into sperm whale-fall ecosystems in Japan. Marine Ecology-an Evolutionary Perspective, 28(1), 219-232.

Haddock, S.H., M.A. Moline, J.F. Case (2010) Bioluminescence in the sea. Marine Science, 2.

Haddock, S.H., T.J. Rivers, B.H. Robison (2001) Can coelenterates make coelenterazine? Dietary requirement for luciferin in cnidarian bioluminescence. Proceedings of the National Academy of Sciences, 98(20), 11148-11151.

Land, M. (1980) Compound eyes: old and new optical mechanisms. Nature, 287, 681-685.

Lebrato, M., K.A. Pitt, A.K. Sweetman, D.O. Jones, J.E. Cartes, A. Oschlies, R.H. Condon, J.C. Molinero, L. Adler, C. Gaillard (2012) Jelly-falls historic and recent observations: a review to drive future research directions. Hydrobiologia, 690(1), 227-245.

Lindsay, D. (2003) Bioluminescence in the mesopelagic realm. 月刊海洋, 35(9), 606-612.

Locket, N. (1977) Adaptations to the deep-sea environment. The visual system in vertebrates. Springer: 67-192.

Marshall, N. (1962) The biology of sound-producing fishes, Symp. Zool. Soc. Lond: 45-60.

McClain, C.R., A.G. Boyer, G. Rosenberg (2006) The island rule and the evolution of body size in the deep sea. Journal of Biogeography, 33(9), 1578-1584.

Miyake, H., M. Kitada, T. Itoh, S. Nemoto, Y. Okuyama, H. Watanabe, S. Tsuchida, K. Inoue, R. Kado, S. Ikeda, K. Nakamura, T. Omata (2010) Larvae of deep-sea chemosynthetic ecosystem animals in captivity. Cahiers De Biologie Marine, 51(4), 441-450.

Miyake, H., M. Kitada, S. Tsuchida, Y. Okuyama, K. Nakamura (2007) Ecological aspects of hydrothermal vent animals in captivity at atmospheric pressure. Marine Ecology, 28(1), 86-92.

Miyake, H., D.J. Lindsay, J.C. Hunt, T. Hamatsu (2002) Scyphomedusa *Aurelia limbata* (Brandt, 1838) found in deep waters off Kushiro, Hokkaido, Northern Japan. Plankton Biology and Ecology, 49(1), 44-46.

Miyake, H., J. Tsukahara, J. Hashimoto, K. Uematsu, T. Maruyama (2006) Rearing and observation methods of vestimentiferan tubeworm and its early development at atmospheric pressure. Cahiers De Biologie Marine, 47(4), 471-475.

Moran, A.L., H.A. Woods (2012) Why might they be giants? Towards an understanding of polar gigantism. The Journal of experimental biology, 215(12), 1995-2002.

Nafpaktitis, B.G., M. Nafpaktitis (1969). Lanternfishes (Family Myctophidae) collected during cruises 3 and 6 of the R/V Anton Bruun in the Indian Ocean. Bulletin of Los Angeles County Museum of Natural History. No. 5 79 pp.

Nilsson, D.E., E.J. Warrant, S. Johnsen, R. Hanlon, N. Shashar (2012) A unique advantage for giant eyes in giant squid. Curr Biol, 22(8), 683-688.

Pietsch, T.W. (2009). Oceanic anglerfishes: extraordinary diversity in the deep sea. Univ of California Press, London: 557 pp.

Ramirez-Llodra, E., A. Brandt, R. Danovaro, B. De Mol, E. Escobar, C.R. German, L.A. Levin, P.M. Arbizu, L. Menot, P. Buhl-Mortensen (2010) Deep, diverse and definitely different: unique attributes of the world's largest ecosystem.

Robison, B.H. (1992) Bioluminescence in the benthopelagic holothurian *Enypniastes eximia*. Journal of the Marine Biological Association of the United Kingdom, 72(02), 463-472.

Robison, B.H. (2004) Deep pelagic biology. Journal of Experimental Marine Biology and Ecology, 300(1), 253-272.

Robison, B.H. (2009) Conservation of deep pelagic biodiversity. Conserv Biol, 23(4), 847-858.

Robison, B.H., K.R. Reisenbichler, J.C. Hunt, S.H. Haddock (2003) Light production by the arm tips of the deep-sea cephalopod *Vampyroteuthis infernalis*. The Biological Bulletin, 205(2), 102-109.

Sanders, H.L. (1968) Marine benthic diversity: a comparative study. American naturalist, 243-282.

Shimomura, O. (2012). Bioluminescence: chemical principles and methods. World Scientific, Singapore: 468 pp.

Shinozaki, A., M. Kawato, C. Noda, T. Yamamoto, K. Kubokawa, T. Yamanaka, J. Tahara, H. Nakajoh, T. Aoki, H. Miyake, Y. Fujiwara (2010) Reproduction of the vestimentiferan tubeworm *Lamellibrachia satsuma* inhabiting a whale vertebra in an aquarium. Cahiers De Biologie Marine, 51(4), 467-473.

Takahashi, S., J.-S. Lee, S. Tanabe, T. Kubodera (1998) Contamination and specific accumulation of organochlorine and butyltin compounds in deep-sea organisms collected from Suruga Bay, Japan. Science of the total environment, 214(1), 49-64.

Timofeev, S. (2001) Bergmann's principle and deep-water gigantism in marine crustaceans. Biology Bulletin of the Russian Academy of Sciences, 28(6), 646-650.

Van Dover, C. (2000). The ecology of deep-sea hydrothermal vents. Princeton University Press, New Jersey: 424 pp.

Van Dover, C.L., E.Z. Szuts, S.C. Chamberlain, J. Cann (1989) A novel eye in'eyeless' shrimp from hydrothermal vents of the Mid-Atlantic Ridge. Nature, 337(6206), 458-460.

Widder, E.A. (1998) A predatory use of counterillumination by the squaloid shark, *Isistius brasiliensis*. Environmental biology of fishes, 53(3), 267-273.

Widder, E.A., M.I. Latz, P.J. Herring, J.F. Case (1984) Far red bioluminescence from two deep-sea fishes. Science, 225(4661), 512-514.

Winkelmann, I., P.F. Campos, J. Strugnell, Y. Cherel, P.J. Smith, T. Kubodera, L. Allcock, M.-L. Kampmann, H. Schroeder, A. Guerra (2013) Mitochondrial genome diversity and population structure of the giant squid *Architeuthis*: genetics sheds new light on one of the most enigmatic marine species. Proceedings of the Royal Society B: Biological Sciences, 280(1759), 20130273.

Woods, H.A., A.L. Moran, C.P. Arango, L. Mullen, C. Shields (2009) Oxygen hypothesis of polar gigantism not supported by performance of Antarctic pycnogonids in hypoxia. Proceedings of the Royal Society B: Biological Sciences, 276(1659), 1069-1075.

Yamamoto, J., M. Hirose, T. Ohtani, K. Sugimoto, K. Hirase, N. Shimamoto, T. Shimura, N. Honda, Y. Fujimori, T. Mukai (2008) Transportation of organic matter to the sea floor by carrion falls of the giant jellyfish *Nemopilema nomurai* in the Sea of Japan. Marine Biology, 153(3), 311-317.

ピーターヘリング著, 沖山宗雄訳 (2006). 深海の生物学. 東海大学出版: 429 pp.

ポール・R.・ピネ著, 東京大学海洋研究所翻訳 (2010). 海洋学　原著第4版. 東海大学出版会, 神奈川: 599 pp.

丸岡照幸 (2010). 96%の大量絶滅一地球史におきた環境大変動. 技術評論社, 東京: 215 pp.

窪寺恒己 (2013). 深海の怪物　ダイオウイカを追え! . ポプラ社, 東京: 63 pp.

黒木麻理, 塚本勝巳 (2011). 旅するウナギ　1億年の時空を越えて. 東海大学出版会, 神奈川: 278 pp.

斎藤宏明 (2010). 海のトワイライトゾーン―知られざる中深層生態系―. 成山堂書店, 東京: 140 pp.

三宅裕志 (2009) 深海は光の世界. 月刊海洋, 号外No.51, 95-100.

三宅裕志 (2009) 深海生物の飼育 (特集 深海生物研究のパイオニア). 科学と工業, 83(6), 261-267.

三宅裕志, D. Lindsay, j. Hunt (2001) 潜水船を利用したゼラチン質プランクトンの研究. 月刊海洋, 号外27, 216-223.

三宅裕志, 北田貢, 足立文 (2008) 新江ノ島水族館における鯨骨生物群集の展示飼育 (総特集 鯨骨生物群集). 月刊海洋, 40(4), 225-234.

西沢徹編 (1898). 低次食段階論. 恒星社厚生閣, 東京: 236 pp.

青木茂 (2011). 南極海ダイナミクスをめぐる地球の不思議. C&R研究所, 新潟: 225 pp.

大場裕一 (2009) 発光生物の進化ーその究極要因と至近要因. 月刊海洋, 号外 No.51, 54-62.

大場裕一 (2013). ホタルの光は、なぞだらけ. くもん出版, 東京: 119 pp.

大場裕一, 井上敏 (2007) 生物発光の進化: ルシフェリンの由来・ルシフェラーゼの起源. 化学と生物, 45(10), 681-688.

長沼毅 (1996). 深海生物学への招待. 日本放送出版協会, 東京: 235 pp.

田近英一, 監修 (2013). 地球・生命の大進化. 新星出版社, 東京: 223 pp.

田中章 (2014). 深海ザメを追え. 宝島社, 東京: 221 pp.

東京大学海洋研究所編 (2003). 海の生き物100不思議. 東京書籍, 東京: 227 pp.

藤原義弘 (2009) 鯨骨生物群集--死んだ鯨が支える生命 (特集 深海生物研究のパイオニア). 科学と工業, 83(6), 248-254.

藤原義弘 (2010) 鯨骨が育む深海の小宇宙--鯨骨生物群集研究の最前線 (特集 Biophilia Special クジラをとりまくサイエンス). ビオフィリア, 6(2), 25-29.

藤原義弘, 河戸勝 (2010) 鯨骨生物群集と二つの「飛び石」仮説. 高圧力の科学と技術, 20(4), 315-320.

藤原義弘, 窪川かおる (2008) 鯨骨生物群集--総論 (総特集 鯨骨生物群集). 月刊海洋, 40(4), 217-219.

藤倉克則, 奥谷喬司, 丸山正, 編著 (2009). 潜水調査船が観た深海生物. 東海大学出版会, 神奈川: 487 pp.

独立行政法人海洋研究開発機構, 監修 (2012). 深海と深海生物　美しき神秘の世界. ナツメ社, 東京: 255 pp.

尼岡邦夫 (2009). 深海魚ー暗黒街のモンスターたちー. ブックマン社, 東京: 223 pp.

尼岡邦夫 (2013). 深海魚ってどんな魚—驚きの形態から生態、利用—, 東京: 232 pp.

北村雄一 (2005). 深海生物ファイル. ネコ・パブリッシング, 東京: 239 pp.

北村雄一 (2011). 深海生物のひみつ　本当にいる奇妙なモンスターたち. PHP研究所, 東京: 207 pp.

索引